和動物
生活的四季

Das Jahr der Graugans

《所羅門王的指環》作者
與灰雁共享自然的動物行為啟示

Konrad Lorenz
康拉德·勞倫茲

關於此書

康拉德·勞倫茲從青年時就對灰雁特別感興趣。為了觀察灰雁的生活及行為，他與兩位研究者，西比勒和克勞斯·卡拉斯夫婦一同前往位於上奧地利格呂瑙的阿姆山谷定居，和灰雁一起生活。卡拉斯夫婦拍攝下一百四十七幀彩色照片，記錄灰雁在自然環境中的家庭與社會生活；勞倫茲則以生動的文字，為欣賞這些照片的人們講述了其背後的故事。

Contents

目錄

關於此書 003

審訂序 觀察，回到科學最初的起點 林大利 006

前言 010

第一章 約定 017

我站在阿姆山谷中一處，這是我們和灰雁的約會地點之一。時值清晨，山頂已透出陽光，山谷還浸在鬱鬱的晨曦中，我站立的谷地上方出現了一片陰雲。每天早晨，牠們都從高空飛下，落在屋前的草地上，牠們的到來對我來說都是同樣的慶典，同樣的奇蹟。

第二章 勝利之鳴 047

在雁群中，春天，一個愛的季節也已經甦醒。獨立的年輕雄雁小心翼翼走近牠們的女伴，將身軀和脖子擺出一種非常獨特的姿勢。年輕雄雁通常必須花上極大的耐心追求數日，然後才開始進一步發展彼此的關係：向雌雁提議共唱勝利之歌。

第三章　新生 101

鑽出蛋殼的第一天，幼雁漸漸不安分起來。牠們愈來愈頻繁地從母親的翅膀下鑽出來，展開小小的遠足——儘管只是走到仍蹲伏在巢裡的母親不遠處。接著，一個重要的時刻到來了。母親起身，口中發出情感聲，同時緩慢離開巢穴。幼雁見狀立刻緊緊地跟隨在後。

第四章　印痕 129

孩子和母親之間的初次交流非常重要，它既不會重複發生，也不能回溯抹滅，我們稱之為印痕。新生幼雁的先天行為永遠和飼育員緊緊相繫。為了成功扮演母親的角色，飼育員必須做足準備，在短短幾週的時間內，把自己全數奉獻給牠的孩子。

第五章　旅行的意義 189

我們佇立在依然昏暗朦朧的山谷中，透過霧層的缺口仰望灰雁高飛，身上披著朝陽斜斜射入的光束。當灰雁衝破霧氣現身霧層下方，翩然降落在沙岸上，持續鼓動的翅膀，把岸上的厚厚積雪攪得四散飛起。我們渾然不知天地，看得如癡如醉。

後記 244

審訂序

觀察，回到科學最初的起點

林大利

「觀察」是探索自然的第一步，也是形塑科學知識的基礎。大自然就像是一本還沒被讀完、無窮盡的教科書。牛頓曾說：「我就像在海灘上玩耍的孩子，一會兒發現美麗的石子，一會兒發現有趣的貝殼，然而，面對眼前的茫茫大海，我卻一無所知。」即便經歷幾世紀的探險，科學家對這本教科書依舊相當陌生。但是，書裡的因果趣味與來龍去脈，並不是只有科學家才能深究，每個人都生活在這本教科書當中，裡面的任何一頁、字字句句，都可以自由徜徉，探索玩味。

「觀察」是與大自然接觸的窗口，也是探索自然的第一步。哥白尼將地球自宇宙中心請出，達爾文將人類萬物之靈的皇冠摘下，這些爆炸性的科學突破，都來自於對大自然聚沙成塔的觀察紀錄。千里之行，始於足下，所有的觀察都來自於無窮的好奇心。即便是生活周遭稀鬆平常的事物，經過仔細的觀察，也能發現許多以往未曾注意到的有趣故事。《和動物生活的四季》可說是最純粹的自然觀察故事。

康拉德．勞倫茲是出生於奧地利的動物行為學家，有關建立現代動物行為學的知識基礎，勞倫茲的研究功不可沒。勞倫茲最知名的研究莫過於「印痕行為」，也就是「小鴨會將第一時間看到的移動物體當成親鳥，並且跟著走」。印痕行為也在勞倫茲的名作《所羅門王的指環》和《雁鵝與勞倫茲》中，讓許多讀者更加著迷於動物行為學。勞倫茲不僅僅致力於科學研究，在科普知識、自然觀察與自然書寫，也有很傑出的表現。勞倫茲並不像刻板印象中的科學家，終日埋首實驗室，而是真心享受自然觀察的學者。因此，除了科學研究工作、撰寫論文，重新走回大自然看看蟲魚鳥獸和花草樹木，對勞倫茲來說也是生活中不可或缺的一部分。

從事生態研究工作的過程中，往往得花費龐大的心力整理資料、分析數據和解釋結果。然而在這樣的狀況下，很容易有意無意地讓研究人員與大自然接觸的機會逐漸減少。近幾年，公民科學、大數據與開放資料興起，研究人員不一定要自行在野外蒐集資料。不知不覺中，有時候會發現自己對於研究的生物愈來愈陌生，隔了短短幾個秋，便生疏了鳥類在春夏時節的鳴唱聲；離濕地不過數十里，卻也逐漸淡忘辨識鳥類的關鍵特徵。久而久之，螢幕上的生物名，彷彿只像是另一套ABC或甲乙丙的代號系統。在這樣的狀況下，解釋研究結果時，很可能與大自然的實際狀況天差地遠。因此，為了避免自然觀察的能力和敏銳度退步，我在忙碌的工作前，常到中心後方的生態園區走走，一邊觀察一邊用eBird Taiwan和iNaturalist記錄鳥類和其他生物，以保持自己查覺和辨識生物的能力。有時候，回到大自然裡東張西望，也能藉此獲得提出問題或假說的靈感。

勞倫茲在《和動物生活的四季》的開頭就說了：「這不是一本學術著作。」我猜想，在勞倫茲的眾多知名著作當中，本書或許是最能讓他擺脫科學的嚴謹客觀要求，隨心所欲地描寫對灰雁的觀察和心得。哪怕是猜測灰雁的心情、甚至擬人化，都不受任何拘束，可以自由的撰寫最純粹與最享受的自然觀察。

就我個人的有限經驗，不少自然生態研究者是因為享受了自然觀察的喜悅與樂趣，才進一步投入研究工作。在研究工作之餘，不妨也跟著《和動物生活的四季》裡的灰雁與勞倫茲，讓自己回到自然觀察初體驗的那一天，回到科學最初的起點，享受最純粹的樂趣。

（本文作者為特有生物研究保育中心助理研究員）

前言

這不是一本學術著作。之所以寫這本書，是因為我熱愛觀察動物的生活。事實上，我寫的每一本書都出於這份熱愛。科學家唯有在不具任何預設立場的觀察之下，才能獲得意想不到的驚奇發現。

一般來說，科學家在實驗室中對大自然的提問，多半以一個想支持或推翻的假說為前提，而這個假說通常來自過去的觀察——或者這麼說吧，來自人類感官和神經系統的非理性認知結果。不過，若是一位科學家自認能掌握人類向大自然提出的所有問題，那他可就高估了人類的智慧。當研究者整天泡在實驗室裡，與生機盎然且豐富多彩的真實世界毫無接觸，那麼他在研究中所發想的各種假說就很容易偏離事物真正的本質；即便最終研究看似有些成果，也是微不足道的。就算研究者確實擁有敏銳的洞察力，也考慮到實驗過程的所有細節，他們的實驗仍無法給出問題的真正答案。可是，把自己關在實驗室中的科學家無法認識到這點。

當我在阿姆河（Alm River）的沙灘上和灰雁坐在一起，或者待在阿爾騰堡（Altenberg）家中的大熱帶魚缸前時，沒過幾個鐘頭，就會看到一些讓我感到完全驚奇且無法解釋的現象。不僅如此，動物還會向我提出新的問題，而這些問題都有待進一步觀察和證實。事實上，我們做的實驗完全不比其他學派來得少，但是這些研究都來自於我們對動物的觀察過程，而且盡可能是在牠們身處的自然環境中發現的問題。

純粹而簡單的觀察是動物行為學的研究基礎。正如對外觀形態的描述是比較形態學和解剖學的基礎一樣，對行為模式的解釋也是比較動物生態學或動物行為學的基礎。任何描述性研究，不管研究對象是生物本身還是生物的運動模式，我們的感覺都扮演著重要作用，而這種感覺過程即為純粹的認知過程，也是一切科學的基礎。但這種過程存在於我們的無意識中，為自我觀察無法企及的階段，也導致多數研究者不願採用，更不願相信出自他們「理性」思維所提出的假說，也是由這個過程所決定。

今日對描述性科學的蔑視如此常見，來自有些人近乎信仰般徹底否認認知是科學認識的源泉。或許部分科學家之所以輕忽了認知研究的價值，是因為他們認為與認知過程密不可分的應是對美的感受，而非科學上的觀察；然而，所謂「單調無趣的東西是科學的」才是完全錯誤的認識。我認為，在那些真正獲得巨大成就的生物學家中，大多數都是受其研究對象的美所吸引而傾注一生心血做學問；至於動物行為學家，我則敢斷言每一個人都是如此！獨特的觀察天賦和感覺過程是完全一致的，我們完全無法將此兩者和對生物之美的強烈感受區分開來。

吸引人類的是所有生物體現出的和諧。如果否認這一點，一點也不科學，而且簡直是在說謊。如果我們認為自己極其「客觀」地描述一種動物或植物的樣態，卻不認為自己在描述生物之美，那麼很明顯地偏離了真理。當然，我們在描述骨骼、魚鰭或鳥類翅膀的形狀時，目的並不在表達生物形體的美——不能為了顧及藝術性的感受而偏離了真實情況。可是，如果我們忽略表現自然及生物的美，這些描述與感受便不完全符合真實的情況。

生物的美在最客觀的描述中也令人信服。這種客觀描述並非來自情感豐富的人的認知過程，而是由一種不帶感情的技術來實現——那就是相機的物鏡（光是它的名字似乎就為「客觀性」做出了保證）。至於另外兩種了不起的光學儀器——顯微鏡和天文望遠鏡，光束經過目鏡（之所以如此命名，是因為距離人眼最近）從另一端射出。根據類比法，我們幾乎可以把目鏡稱為「主觀鏡」，因為從中透出的光束必須先通過人的雙眼形成圖像，在視網膜上被勾畫出來；在相機中，與物鏡相對的是感光層，在感光層上形成的圖像完全符合客觀要求——即便人眼看不到，它也呈現了真實的樣貌。

因此，相機成了無數追求客觀科學研究者不可或缺的工具，在比較行為研究中，它比其他任何工具都更加不可或缺。其他描述性科學研究在記錄、證實研究成果時不見得需要照片：例如比較形態學可藉由測量、記錄尺寸和角度；比較解剖學可利用保存下來的標本作為客觀證據；而比較形態學不僅要描述、記錄，還必須讓人辨認運動的過程，於是相機、攝影，甚至是錄音設備，都是研究者必備的工具。

比較形態學研究者必須會拍照、攝影，其理由和比較解剖學研究者必須具備保存標本和解剖的技術；組織發生學研究者要會染色、用顯微切片機進行切割的技術一樣。我的所有學生都遠比我擅長拍照，即便並不是每一位都像卡拉斯夫婦那麼出色，而且沒有一個人能像西比勒．卡拉斯（Sybille Kalas）那樣不辭辛勞地把一架沉重的相機掛在脖子上。無論她在哪裡，相機都和她形影不離。

理論上，記錄行為模式最好能拍攝影片。不過，動物行為學者在實際的日常研究中，拍照就能達到同樣的目的，前提是要明確知道，應拍攝哪些運動階段以進行更精準的分析，而且要選擇能在足夠短時間內完成拍照的機種。

為了科學研究的目的，西比勒拍下了無數張灰雁照片。她在拍照時想的不是主題有無藝術感或光線是否充足，而只想準確記錄並再現灰雁在那一瞬間的行為。因此這些照片展示了美。大自然很美，它不需要添加任何藝術技巧就很美。

書中使用的照片，沒有一張是專為此書而拍攝的。我們在阿姆山谷的漫長冬夜裡，一邊思考如何把這些照片用於科學研究，同時一次次為它們的美感到喜悅；我們把照片投影在大螢幕，回味著研究時的美麗時光。我們根據照片的時序，記錄下和灰雁一起度過的四季，每一張照片都有滿滿的故事和回憶。儘管拍照的目的是為了研究，我們仍然認為當其他人看到照片時，也一定會忍不住讚嘆其美且深感趣味。於是我決定寫下這本書。

我在前面已經提過，這不是一本學術著作，在某種程度上它可以說是我在科學研究工作的一個副產品。而多虧了這本書，世人能充分體現自然中未經粉飾的生命有多麼美好。

最後我必須說，當我決定開始動筆的時候，這本書就已幾近完成，因為這些照片已為我鋪陳好了所有細節。十九與二十世紀更迭之時，一位幾乎已被遺忘的德國詩人奧斯蒂尼（Fritz von Ostini）為畫家博拉（Hanns Pellar）創作的一部非常迷人的童話寫下了文字：「這裡作畫的是詩人，寫童話的是畫家。」這句話用於本書也恰如其分。

第一章

約定

我站在阿姆山谷中一處，這是我們和灰雁的約會地點之一。時值清晨，山頂已透出陽光，山谷還浸在鬱鬱的晨曦中，我站立的谷地上方出現了一片陰雲。每天早晨，牠們都從高空飛下，落在屋前的草地上，牠們的到來對我來說都是同樣的慶典，同樣的奇蹟。

我開始研究灰雁的社會生活（社會學）時，還是馬克斯—普朗克行為生理研究所（位於德國巴伐利亞施塔恩貝格的埃斯河畔）的所長。直到我退休之後，這個研究仍在進行。為了促進科學發展，馬普學會（Max-Planck-Gesellschaft，馬克斯—普朗克科學促進學會）為我在奧地利的故鄉建立了一所科研站，最初只是想讓我繼續進行研究。在此我對他們的慷慨之舉表示感謝！同樣我也要對坎伯倫基金會（Cumberland-Stiftung）深表謝意，尤其是恩斯特・奧古斯特二世（Ernst August Von Cumberland）和基金會主席、森林技術工程師卡爾・許特邁耶（Karl Huethmayer）。我們的研究站隸屬於奧地利科學院比較行為研究所，官方名稱為：第四部門，動物社會學。

我同時也在坎伯倫基金會的協助下，確定了灰雁研究站的地點及其獨特的建造型式。阿姆山谷位於上奧地利，是個幾乎未受文明干擾之地。它始於圖特山脈（Totes Gebirge）的阿姆湖（圖1），水流湍急的阿姆河即

從阿姆湖西南方地勢較高的岸邊，幾乎可以遠眺整個湖面。我們觀察灰雁在湖邊停駐休憩的地點，如果沒乘船拍照、研究，就把牠們呼喚到岸邊。

1

發源於此。順流而下約八公里河谷漸寬處，許特邁耶在較大的島周圍建起了池塘（圖2），灰雁可以在這些島上不受干擾地孵蛋，我們的研究也和這道童話般美麗的風景和諧地融為一體。池塘邊坐落著三座小木屋，夏季可供照顧灰雁的工作人員住宿；冬天則是研究者歇腳取暖之處。我們將這個人與雁的共同棲息地命名為「歐伯甘斯巴赫」（德文Oberganslbach意為Upper Goose Stream，上流雁會）。

再順流而下數公里就是我們的研究站大樓，那是一座迷人的老磨坊奧英格莊園（Auingerhof），提供場地的坎伯倫基金會只象徵性地收取微薄租金。此外，研究所必需的一切設施，包括暗房、辦公室、動物養殖房等等也都由基金會提供，實驗動物也可以在莊園自由進出（圖3、4）。

我們的研究工作就在一片遼闊且仍保持原始狀態的森林和水域中開始了。也正是這樣的自然環境，讓我們得以研究較大型的哺乳動物。當某種動物形成群體的程度愈高，牠們的社會生活對於非自然居所，尤其是透過囚禁造成的干擾就更為敏感，不過我們可以透過人為方式來除去，或至少部分排除這樣的干擾。於是對於哺乳動物，我們給予這些從小由人飼育成長的馴順動物充分自由，並從旁觀察。我們選擇了兩種哺乳動物：一種是野豬（*Sus scrofa*），另一種是歐亞河狸（*Castor fiber*）。牠們具備高度發達的社會生活和多種獨特本能，都是動物社會學中非常合適的研究對象。

當哺乳動物建立起一個自由生活的群體之後，我們就可以在自然環境中對牠們展開研究了——和研究灰雁一樣，必須從幼年開始就親自餵養，如此一來牠們才會把自己童稚的情感需求轉移到飼育員身上。例如研究站的野豬就是這樣對待飼育員麥可．馬蒂斯（Michael Martys），牠們就像忠實的狗兒一樣跟隨他在森林中奔跑（圖5、6）。坎伯倫基金會的自然野生動物保護區內放養著許多野豬，我們隨時可以對成年和幼年野豬進行研究。野豬類似灰雁和狗，會跟隨同類進行大規模遷徙，並因此和領頭在前方的父母建立起極為密切的關係。

晴朗的夏日傍晚，群山在夕陽餘暉下染成玫瑰色，俯視著灰雁群聚的池塘。

2

歐亞河狸卻不同。當成長環境漸趨惡劣，例如日常食用的植物遭過量採收時，牠們就會離開那裡。因此，即使我們為了讓已馴養動物更親人而費盡心思，仍無法妄加判斷牠們是否會持續喜歡其成長環境。此外，河狸不像野豬容易成為研究對象，也不像野豬容易餵養。克勞斯・卡拉斯（Klaus Kalas）經過長時間的實驗測試，好不容易才找出餵養幼年河狸所需的奶品配方。

我們飼養河狸有兩個目的：一是科學研究，二是維護生態。研究河狸的群體生活以及牠們著稱於世的建築活動會帶來許多有趣的發現。目前人們對最龐大且知名河狸家族已經有所了解，牠們建起的堤壩長度超過一百公尺，堤壩內外的水位差更達兩公尺之多。這樣浩大的工程得靠一個家庭或好幾代子孫共同完成，若假說成立的話，有口皆碑的「河狸精神」可就是這些動物鞠躬盡瘁所換來的。不過若是從動物行為學家的角度來看，河狸造堤壩之所以有趣，是因為完全來自河狸世代相承的先天行為和反應。

從保育的角度來看，歐亞河狸在中歐已幾近滅絕，因此我們的研究課題也備受關注，將牠們復育及再引入或許已是極大的成果（圖7、8）。為了建立起較大而馴順的群體，我們暫時不敢冒險放養由人哺育大的河狸，只放養了少數幾隻野生河狸。河狸群體的馴順之所以極富研究意義的原因之一，就是膽小的河狸只在夜晚出洞；而夜間活動的習性顯然是危險環境造成的，因為人類養大的河狸在下午一點後就會出洞。

我們有時還餵養一些研究計畫之外的動物——常有人把小孤兒帶來研究站請我們收養。例如我們把野兔養大後，再小心翼翼地擴大牠們自由活動的環境。兔群在研究站生活很長一段時間，其中幾隻野兔表現出驚人的智力與好奇心，並逐漸不再依賴人類餵養。其實野兔和牠們真正的母親相處的時間要短得多，像照片（圖9）中的成年野兔通常早就斷奶了。

相較於前述的研究，我們真正投注最多心力的是灰雁（圖10），這也是長時間以來我最感興趣的主題。

奧英格莊園建於1776年，研究站就設於莊園內的老磨坊。莊園位於阿姆河畔，兩側流動著山泉，雁群都非常喜歡停留在河邊的石灘上。

3

研究站大樓裡。灰雁在生命的最初幾週都和飼育員一起在房間過夜，因此當牠們長到能飛並回到莊園之後都很開心。眼前兩隻幼雁正在門口清潔羽毛、稍作休憩，由此可見牠們不僅熟悉這裡，也很放鬆。

4

野豬極其溫馴，牠們會像狗兒一樣跟著飼育員米歇爾．馬蒂斯一起散步。即使在其他人面前也不會膽怯。不過牠們能確實區分陌生人和飼育員。

5

可以用美味的食物引誘野豬走近，尤其拿著食物的是牠們眼中的人類夥伴。

6

灰雁一般分布於歐洲和亞洲北部，距離我們最近的野雁群是來自新錫德爾湖（Neusiedlersee）的灰雁，牠們大多聚集在維也納東部。灰雁通常是候鳥，蘇格蘭偶有一些不遷徙的雁群。灰雁似乎並非天生就知道秋季南飛的路線，而是一代代傳承下來的。因此，對於人類從小餵養長大的灰雁而言，由於飼育員未能傳承這條南飛路線，牠們會忠實地留在飼育員的身邊，不飛離自己成長的地方。

常常有人問我，為什麼偏偏選擇灰雁進行如此漫長的研究。其實原因很多，而當中影響我最大的是：灰雁的家庭與社會生活在很多面向上和人類有著極為相似之處。

在此要特別強調的是，我們並未將動物擬人化，而是客觀卻也不時驚奇發現灰雁的求偶過程和人類生活幾乎完全一樣：某一天，年輕的雄雁突然墜入愛河，開始努力追求一隻年輕的雌雁，有時還遭到「惡爸爸」的強烈阻撓。雄雁的求偶過程在許多細節上都和一名年輕男子的求愛方式極其相似。年輕的雄雁會刻意炫耀自己的勇氣和力量，並藉由攻擊、驅趕其他灰雁（包括那些牠平時畏懼不已的雄雁），同時壯大自己的聲勢。不過要注意的是，前述的所有行為只在雄雁的「傾慕對象」面前才會發生。只要雌雁在場，雄雁都會力求表現。例如同樣是一段很短的路程，非求偶期的灰雁都會採取步行，但求偶期的雄雁卻會刻意飛起來，而且起飛速度比一般灰雁來得更快，並在飛抵雌雁身旁時來個漂亮的急煞。從這個角度來看，雄雁的行為完全無異於一名騎著重機或開跑車的男子。最後，如果雌雁接受了雄雁的追求，雙方將舉行一場結合儀式，即所謂的「勝利之鳴」——在沒有任何影響因素之下，牠們將廝守終生。

不過，意外總是突如其來，就和人類世界一樣。將夫婦相繫的強大力量是他們對孩子共同的愛，而孩子也會忠誠地追隨父母。如果一對灰雁夫婦在孵蛋期失去了蛋和幼鳥，而牠們前一年哺育的年輕幼雁還沒有「訂婚」，孩子們就會經常返回父母身邊；那些失去伴侶的灰雁也同樣會這麼

歐亞河狸常在吮吸母親的乳頭時睡著。我們餵養的河狸佛里斯在睡覺時也少不了橡皮奶嘴的陪伴。

7

三隻由人類養大的河狸——羅里、慕克和海克特正在享用克勞斯．卡拉斯準備的胡蘿蔔塊。

8

儘管飼育野兔並不容易，我們還是成功餵養了好幾隻。我們用嬰兒配方奶和柑橘茶來餵養。照片中是我們在歐伯甘斯巴赫的小木屋裡養大的五隻野兔中的一隻。這些野兔長大獨立後仍在這裡生活。牠們喜歡併攏後腿，從在草地上睡覺的灰雁身上跳過去。

9

做，和父母或未婚的兄弟姊妹生活在一起*。簡單來說，灰雁在家庭和社會生活與人類的相似之處令我們感到驚訝，也同時帶來許多謎團。

我們所觀察到的許多特殊現象，也確實展現出灰雁極度適合作為動物社會學的研究對象：從孵蛋時就接受照料的灰雁，會將牠們在自然關係中對父母的忠誠與親近轉移到飼育員身上。乍聽之下令人感傷，不過的確是觀察所得的事實。我們的大部分灰雁因此和飼育員建立起持久而堅定的友誼，並願意長久待在我們希望牠們生活的空間。

我們想在阿姆山谷打造新的灰雁居住區，對於秋天不向南遷徙的雁群來說，山谷中的新家有個很重要的特點：阿姆湖的源頭是自然流出的泉水，泉水來自大山深處，即使在冬季也很溫暖，而且阿姆湖不會結冰。坎伯倫野生動物保護區的池塘和歐伯甘斯巴赫的池塘源頭都是滲透水，由阿姆河穿過較深的鵝卵石層滲透上來，因此這些水域在冬天也從不結凍。

唯一不利的是，阿姆山谷是個狹長的山谷，只在歐伯甘斯巴赫、阿姆湖和奧英格莊園周圍有適合灰雁生活的開闊草地。沒過多久，灰雁就學會了優先選擇這三個地點作為生活起居的場所，並適時交替居住。

把早已習慣生活在上巴伐利亞馬普研究所埃斯湖畔的灰雁群轉移到奧地利並不容易，但這段過程卻趣味十足。我們正是利用了前文提到的灰雁對飼育員的忠誠，才能毫不費力地將牠們從巴伐利亞的西維森（Seewiesen）移動到阿姆山谷的格呂瑙（Gruenauer）。一九七三年春天，我們找到了四位願意參與研究工作的灰雁的飼育員——三名女性和一名男性，他們做好準備後，就會各自帶領雁群展開移動。按照原訂計畫，飼育員得在四月上路，那時灰雁剛孵化。我們必須在雁群羽翼豐滿前就帶牠們去阿姆山谷，因為對每隻鳥來說，開始學習飛行並在飛行中熟悉環境的地方，就是牠們

＊審訂注：前一次繁殖所生下的後代，未離開出生地拓殖新領域，而是留在親代身邊，甚至會幫忙親代照顧下一胎的弟妹。這樣的現象稱為「巢內幫手制（helper-at-the-nest）」，屬於合作生殖（cooperative breeding）的一種形式。可能的原因是外界的自然資源不足，或是領域已經被其他個體占滿，只好先暫時留在親鳥身邊，這個說法稱為「生態限制假說（ecological constrain hypothesis）」。對親鳥的優點是可以分擔繁殖工作，對幫手的優點是可以累積經驗。

我們乘坐小船，在阿姆湖上尋找雄雁格萊夫的妻子蘇西的巢時，格萊夫一直跟著我們。我們經過蘇西的巢附近時，牠特意表現出毫不在意的態度，以免暴露正在孵蛋的妻子的蹤跡。

10

真正的故鄉。於是我們移動首批灰雁的時間就確定了：一定要在六月底之前完成。當時池塘邊的小木屋還在搭蓋，飼育員們如英雄般在野外餵食區的小屋過夜，小屋四面「牆壁」都是網狀柵欄，不足以遮蔽風雨，而阿姆山谷的六月天氣卻總是變幻莫測、風雨交加。

我們在移動這四群今年剛養大的幼雁的同時，也移來了前一年由同一位飼育員餵養長大的幼雁。我們還帶了幾個灰雁家族，每個家族中都還有不會飛的幼雁，可以確信家族中的其他灰雁不會試圖脫隊。我們把雁群安置在隸屬於坎伯倫基金會的鳥舍，鳥舍就坐落在離野外餵食區不遠的池塘邊，沿河而下不過一公里處。幾天後，當我們試著放飛雁群時，難題來了。儘管我們去年親自哺育大的幼雁立刻找到了各自的飼育員，並留在他們身邊，但身邊跟著幼雁的幾個灰雁家族卻想飛走。牠們總是在遠方盤旋，我們每天晚上都像牧羊人一樣得花費一番力氣，才能把牠們趕回大池塘邊——這樣做是非常必要的，因為雁群只有待在那裡，才能避免遭到山谷中狐狸的襲擊。時間久了，灰雁終於建立起信任感，從「鳥舍池塘」遷到了野外飼育區，這就是最初的灰雁居住區。

等到換羽期過後，所有的灰雁都能飛了。牠們會各自帶著今年出生且已具備飛行能力的幼雁查看環境。到了秋天，雁群習慣環境之後，當牠們的人類朋友搬到研究站大樓裡時，牠們也會毫不猶豫地跟進去，不時待在研究站附近，只在過夜時才回到較大的池塘，尤其是阿姆湖。前述的行為現在已經成為我們雁群的傳統：夏季，人類居住的池塘小木屋就是雁群的生活圈；秋冬兩季則是在奧英格莊園。當美麗的秋日來到，雁群會突然出現在屋前，有時人都還沒搬進去呢。不過，牠們只有看到人類朋友時，才會留下來活動。

初冬時節的大雪過後，灰雁會避開草地，因為牠們不喜歡降落在厚厚的雪裡，而厚重的雪層也會讓牠們難以起飛。每到此時，牠們會轉移陣地，待在阿姆河淺水中未積雪的石頭上。

在這個季節裡，雁群會群聚在阿姆湖上過夜，牠們在遼闊的水面才能躲開狐狸。等到天色微亮，牠們就從湖畔朝下游飛去。阿姆湖距離奧英格莊園約八公里，海拔比奧英格莊園高出一百多公尺。灰雁在晨飛時始終保持起飛地的高度，不過通常會飛得更高，因為山谷中的上升氣流會暗暗幫忙，使牠們毫不費力地縱情飛高。只見雁群不自覺將春秋兩季支配天性的遷徙衝動一股腦兒發洩出來，在白雪覆蓋的山陵線上飛得又高又遠（圖11），然後降落在研究站附近的石灘上。

儘管我早已看慣了這個場景，每當自由飛翔的鳥兒遠遠朝我飛來時，我仍感到一股難以言表且永不衰滅的魅力。可悲而惡毒的人類總是從後方觀看野生動物。今日，幾乎所有與野生動物接觸的人類都已臭名遠播，因為他們是當中最危險也最不具同情心的生物。事實上，幾乎每種動物一發現人類靠近就會逃跑，不論人的體型大小或是否持有武器，都是如此。只有在人類對於動物來說相當陌生的情況下，牠們才會毫無防備地朝人類走

灰雁會在秋冬時節結隊飛行。如果天氣太冷，牠們會在飛行時把雙腳縮進體側羽毛裡，看起來就彷彿沒有腿一樣奇特。

11

去，遺憾的是，這通常是一場悲劇。我們必須來到加拉巴哥群島或南極洲等地區，才能發現觸手可及的動物，牠們不會逃跑或飛走。

因此，當研究站的科學家們在森林中偶然遇到較大型的哺乳動物時，會在瞬間看到動物驚恐萬分的神態——筆直豎起的耳朵、睜得老大的眼睛和膨脹的鼻孔；而就在下一秒，眼前頂多只剩下晃動的樹枝或是迅速消失的背影。鳥，尤其是較大型的鳥類，例如猛禽、烏鴉或水禽，在大自然中幾乎比其他哺乳動物更來得膽怯。所以為了就近觀察和拍攝鳥類，我們必須使用獵人才懂的技巧，即悄悄拉近距離後，在適當地點搭起一道經過偽裝的藏匿處所。

過去人類覺得自己是「地球的主人」，或許從某些角度來看的確如此，然而這頂多只是在陸地上；在大海裡，人類就是一條非常渺小的魚。我還清楚記得，當我在海中笨拙地想趕跑一隻梭子魚時，牠竟向我擺出了威嚇姿態，還露出牙齒。我同時也體會到，人用橡皮腳蹼向後踏水有多吃力。

在大多數情況下，當人接近自由生活的動物時，牠們肯定會逃走，這就像人類被從和上帝其他造物共同生活的天堂給趕出來一樣。現在，如果自由生活的動物從遠處朝我飛來，不是因為牠們沒有發現我，正好相反，而是因為牠們看到了我、聽到了我，就在此刻，我感到自己不再被天堂放逐。

我佇立在阿姆山谷中，這是我們和灰雁的約會地點。清晨時分，山頂已透出了陽光，山谷還處在鬱鬱的晨曦中，我站立的谷地上方出現了一片陰雲。這時我聽見自空中飛翔而過的灰雁呼喚與應答的聲音，接著我聽到彷彿是雪雁的叫聲。當時我們僅有一隻雪雁，牠叫阿科，遺憾的是，牠後來還是飛回西維森的馬普研究所了。當時阿科還待在阿姆山谷，那天清晨和灰雁一起飛翔。牠才剛發出叫聲，我就透過雲層中的藍色缺口看見了牠。只見牠身上披著陽光，宛若一顆閃亮的白色星星。緊接著，牠消失在雲層後方，但牠確實聽到了我的呼喚；我從牠頭部的微小動作，確定牠看

灰雁從白雪覆蓋的森林上方飛來，隨著滑行緩緩下降，接著把翅膀用力朝前彎曲，降落在我們身旁。

12

在寒風刺骨的冬日，當太陽從山後升起時，阿姆河較溫暖的河面上會形成一片薄霧，灰雁在這樣的日子裡會走進河水裡，替雙腳保暖。

13

見了我。幾秒鐘之後，這隻白鳥從雲間飛下，停降在我身旁；雁群則沿著山谷繼續下飛，直至雲彩消失之處。牠們在那裡降落後，隨即從雲層下方朝我飛回來。

我寫下這幾行文字的秋日時分，雁群仍在每個清晨從過夜的阿姆湖飛回奧英格莊園。一個個陽光抖擻的白日，牠們從高空飛落在屋前草地上，每個片刻都像人們在祝禱後說出「阿門」一般篤定。我們在草地上安置了一張桌子和一只舒適的小長凳，那裡是觀察灰雁的最佳位置。當我還在格呂瑙時，我每天早晨都坐在那裡等待灰雁，牠們的到來對我而言都是同樣的慶典，同樣的奇蹟。每一次，他們都在這裡停止搧動翅膀，自半空緩緩滑翔而下（圖12），落在我們身旁。

即使在寒冷的天氣裡，灰雁依舊忠於此地，且忠於每日的習慣。牠們絲毫不在意氣溫降得多低（圖13），我在前面也曾提過這裡的水在深冬也維持高出冰點許多的溫度。也因為如此，阿姆河在寒天會產生霧氣，岸邊的樹枝和樹叢上也會結起一塊塊絕美的白霜。當陽光露臉，你會看到一幅迷人的畫面：天氣異常寒冷時，灰雁喜歡待在相對溫暖的水中。有時，牠們頭頂的羽毛上會結起小小的冰粒，這時牠們會試著把冰粒從身上抖落（圖14）。

灰雁來岸邊覓食時會迅速趴下，把雙腳藏在體側羽毛內取暖。如果在這之前牠們洗過澡，水珠會在羽毛上凍結成冰粒，就像照片中我們養大的雄雁尼爾斯一樣，牠們會在整理羽毛時用嘴弄掉這些冰粒。

14

第二章

勝利之鳴

在雁群中，春天，這個愛的季節也已經甦醒。獨立的年輕雄雁小心翼翼走近牠們的女孩，將身軀和脖子擺出一種非常獨特的姿勢。年輕雄雁通常會花上極大的耐心追求多日，然後才開始進一步發展彼此的關係：向雌雁提議共唱勝利之歌。

哪裡的春天都沒有阿爾卑斯山的春天這麼美。地面才剛融雪，鮮花早已遍地綻放——黑嚏根草（*Helleborus niger*，圖15）、蜂斗菜（*Petasites hybridus*，圖16）奇異的花蕾和荷蘭番紅花（*Crocus vernus albiflorus*，圖17）柔弱的花萼都紛紛探出頭來。

在雁群中，春天，這個愛的季節也已經甦醒。此時，年輕灰雁離開熟悉的巢穴，一部分出於自願，一部分則是因為父母得繼續孵蛋，不願讓成年的孩子留在身邊。獨立的年輕雄雁小心翼翼地走近牠們心儀的女孩，身軀和脖子都擺出一種非常獨特的姿勢。牠們的脖子緊張地朝前伸出，與此同時又向下彎著（圖18）。

年輕雄雁通常會花上極大的耐心地追求多日，然後才開始進一步發展伴侶關係：向雌雁提議共鳴勝利之歌。只見牠伸長脖子朝心儀的雌雁走去，同時發出一種獨特的嘎嘎叫聲。在發出這個「愛的宣言」之前，雄雁往往會主動攻擊身邊任意一隻灰雁。此時一旁的觀察者肯定能察覺到，雄雁想在雌雁面前展現英勇的各種嘗試（圖19）。

起初，雌雁對眼前充滿愛意的問候置之不理，因為還有點害怕。但過了一段時間後就逐漸克服膽怯，並開始和雄雁一起鳴叫起來。如此一來，「訂婚」的儀式就算告一段落了。沒有意外的話，這對灰雁伴侶將會廝守一生。這種共鳴還可能發生在另一種情況。一旦灰雁夫婦間經歷巨變——例如長時間分離或和其他灰雁激戰後重新會合時，更容易看見這種問候儀式。牠們的情緒愈激動，鳴叫得就愈響亮，德國動物學家奧斯卡・海因洛特（Oskar Heinroth，一八七一～一九四五）把這種鳴叫命名為「勝利之鳴」（triumph ceremony）（圖20）。

一般來說，灰雁伴侶會對彼此保持忠誠，但偶爾也會發生我前面提到的「意外」，例如已經「訂婚」甚至也相處一段時日的灰雁卻突然熱烈愛上新的對象。這種「不倫」行為的發生，多半可以從雙方最初的接觸看出端倪，例如其中一隻灰雁剛失去自己的第一個摯愛，導致新伴侶淪為替代

大約在12月和1月，我們會在阿姆山谷的南坡發現黑嚏根草的花蕾。這些美麗的花常在晚冬和早春時節於融雪處綻放。

15

蜂斗菜也是很早開花的植物。在夏秋時節引人注目的大葉子出現之前，由漫長冬季刻畫出的地表植被就已露出了花序。

16

約在同一時間，荷蘭番紅花的柔弱花朵也已經綻放。有時田野間會出現成千上萬朵荷蘭番紅花。

17

溫暖晴朗的早春是灰雁發情的季節。照片中，一隻年老的雄雁正彎起脖子朝心儀的雌雁走去。牠的脖子上出現明顯的凹槽，嘴喙和雙腿在此時期則呈現鮮豔的玫瑰紅色。

18

雄雁特勞恩曾經獨自在30公里外的特勞恩湖（Traunsee）度過3年時光後回歸雁群。牠現在正邀請才離開家人不遠的雌雁露西雅和自己一起發出「勝利之鳴」，但這隻害羞的少女還沒做出回答。

19

者。我們在對灰雁的漫長觀察中，只見過三次這種情況：夫婦明明已經一起孵完蛋並成功哺育了幼雁，之後卻分手了。奇妙的是，其中兩次破壞夫婦關係的引誘者都是雄雁阿多。第一次事件的主角是兩隻由不同飼育員養大的灰雁：雄雁雅諾斯・弗洛里希和雌雁蘇珊娜・伊莉莎白－布朗特——我們通常使用飼育員的姓氏為雁群命名。雅諾斯和蘇珊娜一度結為伴侶，並於一九七三年成功完成孵蛋。

相較之下，雄雁阿多的年齡大上許多，也非常強悍。在一次混亂的遷徙中，阿多失去了配偶，說得更精準一點是失去了未婚妻，因為牠們還沒有一起孵過蛋。雅諾斯的體型和力氣遠遠不及阿多，只能眼睜睜地看著蘇珊娜在新生的愛情中飛向阿多身邊。一九七五年，阿多和蘇珊娜在阿姆湖上孵蛋，這時，狐狸來了。在一個美麗的早晨，我們在鳥巢裡看到了蘇珊娜倒臥的背影，阿多無聲而悲痛地站在一旁。

灰雁的悲哀與人相仿。也許有人會說，這是一種不可靠的擬人化說法。的確，人類無法看盡一隻灰雁的靈魂，而牠們也無法把所經歷的一切用語言表達出來；同樣地，一個孩子也做不到這一點。英國發展心理學家約翰・鮑比（John Bowlby，一九〇七～一九九〇）在論及孩子的憂傷（Infant Grief）的著名論文中，以令人信服卻震驚的方式主張孩子可能擁有的極度悲傷；孩子的悲傷甚至可能比成年人來得更深切強烈，因為他們還無法透過理性思考來尋求自我安慰。例如主人外出旅行時，狗也會感到悲傷，牠會覺得自己似乎已經永遠失去了主人。但是主人口中的「我很快就回來了」無法傳達給動物，因此一旦主人不得不長時間與狗兒分離時，就必定會對狗兒造成心理上的傷害，即使心愛的主人終於返家，牠們也不會真正高興起來，又或是要經過數星期後才恢復往日的活潑模樣。在情感上，動物和人類比我們普遍所想的要相像得多。我常向人們以及在每一次演講中談到：「動物比你想像的要笨得多；但在情感與情緒上，牠們和我們的差距卻比你所想像要小得多。」

這也和人們對人類大腦的構造及功能的理解達成一致：大腦的理性和情感及情緒分別由不同部位所掌控。在這一點上，人和動物其實沒有太大區別。從解剖學來看，人與動物在大腦上的巨大差異存在於前腦的結構。

深層情感的生理表徵，尤其是悲傷，在動物（特別是狗和灰雁）和人類之間幾乎沒有太大區別。悲傷時，自主神經系統中交感神經會呈現低落狀態，而副交感神經尤其是迷走神經會變得過度亢奮，於是導致肌肉疲勞、眼窩深陷，無論是人、狗或灰雁都會垂頭喪氣且毫無食欲，甚至對周圍的刺激都毫無所感。因此，悲傷中的人和灰雁都非常容易「發生意外」：人會出車禍，而灰雁會撞到電線桿或因精神渙散淪為猛禽的獵物。

「悲傷」在雁群社會中也會產生戲劇性的影響——悲傷的灰雁會失去反抗其他灰雁攻擊自己的力量。如果悲傷的灰雁恰巧在雁群中擁有顯赫地位，那麼在此前地位一直位居其下的灰雁會以令人驚異的速度認清事實，並趁勢而起。悲傷者將面臨來自四面八方的進攻，攻擊者當中甚至還包括

不過就算是一起生活多年的夫婦（照片中是塞爾瑪和古內曼茲），雌雁在大多數情況下不會太投入回應雄雁的勝利之鳴。可是比起年輕的灰雁夫婦，較老的雄雁可以十分接近雌雁，甚至接觸牠。

20

那些最弱小、最膽小的灰雁。換句話說，悲傷者瞬間跌落至社會階級的最底層，正如動物社會學家們所說的：成了「Omega*動物」。

我曾提到，失去配偶的灰雁會試圖重返家庭的懷抱。當一隻年老的雄雁（牠在多年前由人類親手哺育養大）處在長期的幸福婚姻中，和人類撫養者沒有絲毫聯繫。一旦牠失去了伴侶，突然帶著沉痛與忠誠跟在牠的人類朋友身後時，那場景極為感人。我在前面提到的雄雁阿多，牠不是由人養大的，而是由灰雁母親哺育成長，只是牠的母親很早就過世了。阿多並非特別溫馴，例如牠不會吃我們手裡的食物。也正因為這份野性，當蘇珊娜於一九七六年死去後，牠試圖與我親近的那份固執才更讓人感動——儘管牠更親近的是西比勒和布里吉·基爾希邁耶（Brigitte Kirchmayer）。經過一段時間之後，我發現阿多總是被其他灰雁欺負，每當我離開雁群，身旁不再為灰雁包圍時，可憐的阿多就悄悄跟在我身後，一臉膽怯和悲傷，而且總在距離我八至十公尺處停下。

一九七六年，蘇珊娜死後的所有時光，阿多都在孤獨與悲傷中度過。直到一九七七年早春，牠突然振作了起來，開始熱烈追求雌雁塞爾瑪，不過塞爾瑪當時已經有伴侶古內曼茲，而且前一年才一起完成了孵蛋，並養大三隻幼雁。最後阿多得到了塞爾瑪的愛，於是一場異乎尋常的嫉妒戲碼隨即展開。

一般來說，「合法的配偶」會在女伴對其他雄雁感興趣時採取固定的行為模式，藉此阻止伴侶跑到情敵身邊。例如雄雁會亦步亦趨地緊跟在雌雁身邊，當雌雁試圖走向另一隻雄雁時，牠會上前擋住去路（圖21），在極少情況下，情緒極度激動的雄雁甚至會咬雌雁（圖22）。

---

* 審訂注：在動物行為研究中，科學家習慣用希臘文字母順序來表示群體內成員的位階關係。Alpha為老大，Beta為老二，以此類推。Omega為最後一個字母，也就是位階最低的個體，不過動物的位階通常不會分到那麼多層。

古內曼茲把情敵阿多（我們可以在背景中看到牠）趕走後，古內曼茲一邊發出勝利之鳴同時朝塞爾瑪走回來。塞爾瑪試圖朝阿多走去，古內曼茲卻總是擋在前面。可看見照片中的塞爾瑪膽怯地縮起脖子，這表示牠對於阿多的示愛還舉棋不定。

21

古內曼茲在勝利之鳴中走向塞爾瑪，情緒極度亢奮的牠甚至朝塞爾瑪咬去。遠方的阿多此時正高高豎起脖子，擺出求愛的姿勢。

22

讓我用一對寒林豆雁（*Anser fabalis*）的例子來說明這種嫉妒行為，因為其中的雄雁總是吃我的醋。一隻快三歲的寒林豆雁卡蜜拉對我懷有一股非常強烈的孩子般的喜愛：她一看見我就會立刻跑來問候我。儘管懷著孩子般的性格，卡蜜拉還是在前一年春季和另一隻豆雁喀爾文「訂婚」，而喀爾文每當看到他的伴侶友好問候另一個異性——就是我，還是個人類，都會一臉不高興。我常為了向來訪者展示雄雁的嫉妒行為模式，而把卡蜜拉呼喚到我身邊，讓她問候我，接著喀爾文肯定就出現前述的態度。

只能以這種方式「保護」伴侶的雄雁，顯然陷入一種艱難而疲憊的處境。牠不能離開伴侶朝情敵發動攻擊，因為一旦離開，伴侶很可能會馬上逃跑；牠甚至無法去覓食。嫉妒戲碼通常會延續好幾個星期，持續觀察會發現雄雁明顯消瘦。從黎明到夜幕降臨，都會看到滿懷醋意的雄雁總是腳步匆匆地跟在伴侶身邊行進——走在牠們前面的是雌雁愛上的情敵，雌雁跟隨其後，而夾在兩者之間的是已疲憊不堪的雄雁（圖23、24、25）。

當雌雁尚未下定決心時，對抗中的雄雁會爭奪得格外激烈。我記得最激烈的一次是雄雁布拉休斯和馬可斯間的戰爭。牠們都想得到雌雁艾瑪的芳心，而兩者體型和力氣相仿，外表也很相似，連艾瑪自己也遲遲無法做出選擇。我看到布拉休斯和馬可斯在空中展開了一次殊死鬥。

灰雁很善於空戰：一隻飛到另一隻上方，隨即像猛禽般從高處俯衝而下，和對手擦肩而過的同時，以翅膀前端給予重重的一擊。布拉休斯和馬可斯在高空戰鬥時，馬可斯就這樣成功擊中布拉休斯緊挨著翅膀的脖根處，那裡是掌控前肢神經的重要部位。眼看布拉休斯的一隻翅膀無力癱落，像一顆小石塊般從二十公尺高空墜落，幸運的是牠掉進了湖裡——如果墜落在岩塊或堅硬的地面就必死無疑。不過，布拉休斯一側受傷的翅膀還是無力下垂了好幾天才慢慢痊癒。無論如何，這場衝突的結果顯示，雄雁之間的決鬥極可能以一方死亡告終。至於馬可斯在取得勝利之後順利與艾瑪結為伴侶一事，也是無庸置疑的。

塞爾瑪、古內曼茲和阿多之間的糾纏延續了近兩個星期。最初，古內曼茲還試圖飛著驅逐阿多，不料塞爾瑪仍執意追隨，於是展開一場瘋狂的空中追擊。事後，雁群都筋疲力竭地降落地面。這場爭奪戰告一段落後，牠們降落在鄰近的坎伯倫動物保護區裡。我們可以從照片中看到，古內曼茲再次擋住了塞爾瑪的路，遠景中的幾隻同群灰雁則興致勃勃地觀看這一幕。雁群社會中發生爭鬥時，很常見這種情形。

23

古內曼茲再次充滿憤怒地朝塞爾瑪啄去。縮著脖子走在牠們前方的是對目前情況還不太有把握的阿多。

24

不過，陸地上的決鬥卻是另一番光景。灰雁有兩種武器：能咬合得非常緊的嘴喙和翅膀前端彎曲處——功能類似人類的手腕，還有一個小小的像刺一樣包覆著角質化皮膚的腕骨。兩隻雄雁互相用喙咬住對方，大多是脖子（圖26），然後把對手盡可能拉到自己面前，直到能用翅膀前端給予對方致命的一擊。為了保持平衡，牠們會把一隻翅膀盡量朝後伸展，同時彎起另一隻翅膀前端，以腕骨處擊向對手（圖27、28）。人類甚至可以從遠方就聽到牠們強有力的翅膀撞擊聲和拍打聲，此時其他雄雁會亢奮地前來觀戰（圖29、30），特別是那些階級很低的雄雁，階級較高且自信勇敢的雄雁有時會試圖介入——通常發生在開戰初期，因為階級較高的雄雁無法忍受這種給雁群帶來不安的行為。

事實上，一般雁群打架很少會提升到以翅膀對抗的激烈決鬥，就算有也不會超過數分鐘。爭奪同一隻雌雁的兩隻雄雁大戰通常會持續十五分鐘以上，直到雙方筋疲力盡為止。如果未分出勝負，第二天再繼續戰鬥。

同一天晚上，古內曼茲以極度膽小的姿態快步走在塞爾瑪和情敵之間，這隻剛在戰鬥中被情敵擊敗的雄雁仍絕望地試圖避免伴侶離去。勝利的阿多則在遠方擺出求愛的姿勢。

25

當雁群社會面臨階級結構變動時，例如我在前面談到爭風吃醋的雄雁間的激烈戰爭。戰鬥中的兩隻雄雁會用嘴喙緊咬住對手的脖子、胸部或體側羽毛，拚命彎起脖子把對手拉到眼前，然後用翅膀前段猛烈擊打，撞擊聲在遠處都聽得相當清楚。其他雄雁見狀也十分興奮，常一面嘎嘎叫著在一旁觀戰。

26

為了能盡量把翅膀朝後擺動，戰鬥中的雄雁會直立起身體，有時則以尾羽來支撐身體。

27

戰鬥的雄雁奮力以翅膀前端擊打對手，直到對手放棄戰鬥，轉身落荒而逃為止。

28

戰鬥時的灰雁為了保持平衡，會把翅膀盡量向後展開。

29

從遠方就可聽到灰雁強有力的翅膀在撞擊時發出的聲響。

30

最激烈的戰鬥發生在兩種截然不同的情況下：第一種情況，兩隻雄雁吵架時——牠們曾在勝利之鳴後結合為伴侶。當雄雁對雄雁的愛轉化為恨時，這種恨會持續多年。我們考據相關文獻研究後發現，懷恨彼此多年的雄雁過去通常都是愛侶關係。

第二種情況就是前面描述的，當一隻雌雁無法立刻在兩名追求者間做出抉擇的時候。例如塞爾瑪在原本的伴侶古內曼茲和新追求者阿多間搖擺不定時，就爆發了西比勒拍攝到的那些激烈戰鬥。這場戰鬥進行了好幾天，最後古內曼茲逃離戰場，對手阿多還咬住牠脖子上的羽毛不放呢（圖31）。此後，勝利的一方會驕傲地擺出鷹一般的炫耀姿態，我們可以從這個姿勢清楚看到翅膀上堅硬前伸的角質突起（圖32）。

戰敗者會逃到一定距離之外，才筋疲力盡地降落地面（圖33），之後還可能會受到地位較低的其他灰雁的攻擊。就像照片中戰敗的古內曼茲，即便對群體中最弱小的灰雁也不再反抗，就像兩年前的阿多一樣，失去伴

從遠方就可聽到灰雁強有力的翅膀在撞擊時發出的聲響。

31

雄雁把對手打跑後會擺出「勝利者的姿態」，並在響亮的勝利之鳴中朝雌雁走去。在這張照片中可以明顯看到雄雁翅膀上堅硬的角質突起。

32

侶的同時，也失去了自己在雁群社會的地位。

真正的繁殖期會在這場巨大的騷亂——戀愛和嫉妒之後隨即展開，不過卻與其呈現鮮明的對比。一對對夫婦離開雁群，開始尋找築巢地點。這時，每隻灰雁都表現出截然不同的品味，選擇巢位時也各有技巧。我們的灰雁大多在阿姆湖北方——距離湖出水口很近、長滿莎草和蘆葦的沼澤島上尋覓營巢地；只有少數灰雁來到歐伯甘斯巴赫孵蛋，我們在這裡的池塘中，搭建了能抵禦狐狸攻擊的巢箱。因此，阿姆湖也成為我們觀察灰雁繁殖與孵化的最佳地點（圖34）。

交配序曲是這樣開始的：雄雁擺出驕傲的姿態——和疣鼻天鵝有些相像，然後抬起翅膀，脖子彎成一道優美的弓形，同時豎起頸上的羽毛，清

阿多贏得塞爾瑪之後，我們看到古內曼茲確實崩潰了。牠一看到阿多，就以極卑屈的姿勢伏臥在地面。灰雁在極度的社會壓力下會擺出這種姿勢，代表體力耗盡與無條件投降。

33

春洪從圖特山湧來之前，阿姆湖在最低水位，灰雁通常喜歡逗留在南岸的泥灘上，我們常過去看牠們，一起度過好幾個小時。這裡也是觀察灰雁在發情期重新配對及其他社會行為的好地點。

34

楚露出一道道條紋。雄雁擺好姿態後，就把脖子深深地插入水裡（圖35、36）；雌雁的反應則是：同樣把脖子伸進水裡，一開始帶著膽怯及暗示，然後逐漸激動起來（圖37）。雌雁把身體水平伸直，脖子朝雄雁伸過去，讓雄雁用喙抓住（圖38），接著雄雁爬到雌雁身上（圖39），完成交配（圖40）。

灰雁的交配總是在水中進行。雄雁會先驕傲地把脖子彎成優美的弓型，並將翅膀略為上提。

35

接下來雄雁把脖子伸進水裡。照片中是牠再次抬起脖子，水花從脖子和頭頂落下的美麗畫面。

36

雌雁（右）同樣以探頸入水回應雄雁的示愛。

37

如果雌雁願意交配，會和水面以平行的姿態浮著，並把脖子朝雄雁轉過去，讓牠能用嘴喙抓住自己爬上來。

38

雄雁爬上雌雁的身體。

39

雄雁爬上雌雁之後，就把尾巴從側面伸到雌雁的尾巴下方，用自己的泄殖腔口擠壓雌雁的泄殖腔口，翻出呈螺旋狀的陰莖（為雁鴨科鳥類所特有）。交配完成之後，雄雁就從雌雁身上滑下，高高豎起脖子和尾巴，發出交配之後獨特的鳴叫聲。接著兩隻灰雁會一起洗澡。

40

交配對於維繫夫婦關係的影響並不大。一般來說，早熟的年輕灰雁間有時會發生這樣的事：一歲時就交配，但並不意味著會廝守到老；相反地，如果我們看到兩隻成熟灰雁舉行「勝利之鳴」的儀式，倒是可以有幾分把握地預言：牠們在日後的夫婦生活將會團結一致。愛與性在灰雁身上是兩件完全不同的事，兩者雖是雁群社會中健康伴侶關係的表徵，但在多數情況下卻互不相干。當一隻雄雁愛上另一隻雄雁（這種情況並不少見），並完成熱烈的「勝利之鳴」儀式後，就出現了性愛分離的典型案例。兩隻雄雁不會發生性行為，儘管從解剖學上來看是可能發生的。之所以如此，是因為當中任何一隻雄雁都不願像交配中的雌雁那樣把身體伸平。雖然有時牠們也會發展到探頸入水的階段，但由於彼此都想爬到對方身上而各不相讓，最終只好放棄交配的企圖，有時還可能伴隨著小小的爭吵。不過，這種「小小的挫折」並不會影響牠們的關係。

雄雁伴侶在勇氣和戰鬥力上都比一般的灰雁夫婦強得多，因為雄雁不僅更勇敢好鬥，還比雌雁更強壯。因此，雄雁伴侶在雁群中總是擁有較高的社會地位，也同時發展出以下這種情況：即兩個英雄的勝利讓一隻單身的雌雁留下了深刻印象，她不禁愛上了雄雁伴侶中的其中一位，這種案例也不少見。一般來說，雄雁會主動追求另一半，雌雁多半處於被動；一隻墜入愛河的雌雁無法像雄雁一樣採取示愛行動，她只能「偶然」出現在心儀的雄雁附近，用眼睛密切注視對方的行動——顯然地，「眼睛的遊戲」（Eye Play）在雁群社會中，也像其他鳥類一樣具有非常重要的作用。

這時，如果一對雄雁伴侶像前面描述的交配失敗，就會出現這種情況：一隻墜入愛河的雌雁徑直朝兩隻雄雁游來，把身體伸平，接著有一隻雄雁爬到她身上去。這種情況會反復出現，進而形成一種奇妙的關係：兩隻雄雁一如既往地保持親密，落單的雌雁則不引起注意地跟在牠們後面，而且維持很遠的距離；雌雁不會加入兩隻雄雁的「勝利之鳴」，但有時會和其中一隻雄雁交配；交配後，那隻雄雁也不會對著雌雁進行交配終曲的美麗儀式——一對經由「勝利之鳴」結合、彼此「相愛」的灰雁夫婦，在成功交配後一定會舉行的儀式。

在另一個案例中，我們觀察到雄雁有一種非常獨特的行為：「勝利之鳴」的隊伍也可以由三隻雄雁組成。我們在西維森有三隻雄雁：馬克思、科普夫史利茲和奧德修司，牠們統治著埃斯湖上的所有雁群。奧德修司和雌雁歐娜保持著「無愛的交配關係」。奧德修司習慣定期來到固定地點找歐娜交配，那裡通常是距離牠與另外兩隻雄雁日常活動範圍相當遠的地方。等到交配一結束，牠就飛過湖面，回到兩個伴侶身邊，並對著牠們完成一貫的交配終曲，彷彿在說：「你們才是我想終生陪伴的對象。」像歐娜這樣無法成為雄雁眼中「勝利之鳴」成員的雌雁，還有一個機會：如果她能順利找到合適的築巢地點，同時抵禦其他尋找巢位的灰雁進攻——這對一隻孤立無援的雌雁來說並不容易，也很少成功，同時幸運地讓心儀的雄雁看到牠孵蛋或最好看到牠和剛孵化的孩子在一起，那麼雄雁就有可能收養、保護並帶領這些孩子。有時，孤獨（特別是失去配偶）的雄雁也會這麼做，牠們會試圖養育和自己毫無血緣關係的幼雁，並和收養來的幼雁一起發出正常家庭的「勝利之鳴」，對此後文還會進一步說明。儘管這些孩子的母親不會真正成為雄雁表達愛意的對象，卻也可以加入「勝利之鳴」的隊伍，並逐漸成為家族中的成員。

在野雁群中，常常會發現由兩隻雄雁和一隻雌雁組成的「三角家庭」（ménage à trois），牠們當中大多數就是以前述方式走在一起的。我們不能把這種「三角家庭」稱為異常，更不能說其關係是病態的。英國鳥類學家彼得・斯科特（Peter Scott，一九〇九～一九八九）發現，冰島的粉腳雁（Pink-footed Goose）中就很常見「三角家庭」，他也斷定，這種家庭組合很適合哺育幼雁，畢竟由兩隻機敏健壯的雄雁來保衛家庭，遠比一隻雄雁更來得安心。

在以非同性關係結合的灰雁伴侶中，也存在著愛與性分離的現象。在那些很早就透過「勝利之鳴」結合、平日也彼此關愛的灰雁夫婦中，二者在大致可稱為性的面向上絕對奉行一夫一妻制，非常忠誠。不過，一旦兩者間愛情的比例降低，例如失去了第一個配偶的雄雁和其之後結合的雌雁伴侶，情況就會有所不同。雄雁會勇敢而忠誠地保護其「合法」伴侶，幫牠選擇築巢地點，也在巢位旁認真站崗，殷勤地帶領並保護孩子——雄雁對待家庭的行為仍舊無可挑剔，然而此時的雄雁卻願意和任何一隻陌生雌雁交尾，只要對方向牠提出要求。不過，雄雁並不會因此照顧或保護陌生雌雁，就算有人當面把陌生雌雁抓走——我曾如此實驗，雄雁也不會出現任何激動的反應。然而，當這種情況發生在牠的「合法」配偶身上，牠一定會全力對抗。

有趣的是，愛與性分離的現象通常更頻繁出現在雄雁身上。我到現在描述的所有情況中，在無愛狀態下完成交配的雌雁，卻是真心愛著心儀的交配對象；也就是說，只要接收到雄雁的些許暗示，這些雌雁通常都願意和雄雁一起鳴叫。

不同於哺乳動物的是，鳥類（當然也包括灰雁）在發生性行為前不久就已經開始妊娠了。如我們所知，大多數魚類的孕期是以性行為告終，因為卵子和精子已被同時排出體外；鳥蛋則是在蛋黃已經相當大時才在母體內受精，因此在交配達到高潮之前，雌雁的肚子就已經隆起得相當明顯（圖41）。

此時的灰雁夫婦會開始尋找適合的築巢地點。選擇巢位時，有的灰雁表現得很有技巧，有的卻非常粗心。有些灰雁會找到相當隱蔽的巢位，例如照片中的雌雁（圖42），牠已經在這裡成功孵過兩次蛋了；有的灰雁卻選擇在島上沒有任何遮蔽的地方築巢。雖然湖水可以擋住狐狸，但因空中缺乏遮蔽，烏鴉或渡鴉可以隨時入侵灰雁的巢，遺憾的是，這兩種鳥都熱中於偷獵灰雁蛋；有的灰雁則喜歡孤立且地勢稍高的巢位，例如我們前面提到的雌雁塞爾瑪（圖43）。灰雁幾乎都喜歡在半島或島嶼上築巢，然而

雌雁在早春的發情期，卵就已經在肚子裡成熟，並出現卵黃，因此肚子很快就會隆起，即將產卵。照片中的雌雁海克絲脖子上有一塊禿毛處，這是因為雄雁每次爬到牠身上交配時都會扯掉牠幾根羽毛。

41

有些雌雁喜歡在阿姆湖的入水口三角洲小島一帶築巢，讓巢位掩蔽在樹叢中。當我們靠近這隻有點膽小的雌雁時，牠冷靜卻目不轉睛地觀察我們。

42

有的灰雁選在毫無遮蔽的草丘上孵蛋，同時仔細查看周遭環境。溫順的雌雁塞爾瑪朝我們走來，一點也不害怕。我們可以清楚看到一道由白色絨毛築成的巢牆，那些是雌雁在孵蛋期間從胸部和腹部咬下來鋪巢的羽毛。

43

牠們顯然不明白，把巢築在那裡可說是完全敞開在狐狸而前。在自然條件下孵蛋的灰雁，牠們選擇巢位時，通常會選在稀疏卻能眼觀八方的遮蔽物後方，如此一來可在警戒的同時躲避敵人耳目。令人意外的，有的雌雁很喜歡住在四面封閉、入口狹窄的巢箱裡，不過這些巢箱必須是設在深水中的木椿建築。此外，我們也非常重視我們的雌雁能否成功孵蛋，因此當牠們明顯疏於選擇巢位時，我們會試著拿走巢中的蛋，協助雌雁前往另一個合適的地點築巢，並讓牠不受干擾地孵蛋。

第三章

新　生

鑽出蛋殼的第一天，幼雁漸漸變得不安分起來。牠們愈來愈頻繁地從母親的翅膀下鑽出來，展開小小的遠行——儘管只是走到仍蹲伏在巢裡的母親不遠處。接著，一個重要的時刻到來了。母親起身，口中發出情感聲，同時緩慢離巢，幼雁見狀立刻緊緊地跟隨在後。

或許大家會想知道一隻雌雁成功孵蛋的故事。一九七四年，西比勒・卡拉斯在她餵養的雌雁艾瑪身上付出了很大的心力，想讓牠盡可能地馴順。如果有人問我，對雁群的關注體現在哪些地方，我的回答很簡單：照顧鳥和照顧狗一樣，如果人們想把小狗訓練成友好而忠實的夥伴，就要給予牠相對應的關注——盡可能和牠們一起散步，多對牠們說話，或是和狗兒在同一個房間休息、就寢；這些表示友好和親近的方式對灰雁同樣有效：人愈常陪灰雁散步或一起遠行，牠們就愈願意和人親近。此外，一起休憩也有助於人與灰雁的親密關係。例如和灰雁一起寢是飼育員的「義務」，歐伯甘斯巴赫的小木屋就是為了這個目的而建造的。「義務」並不容易執行，然而西比勒對艾瑪和牠的兄弟姊妹一視同仁地做到了。在她多年努力之下，當艾瑪於一九七六年第一次孵蛋時，跟她異常地親近。

我們之所以付出如此巨大的努力並耗費大量時間，完全是為了一個科學目的：打造最接近自然樣貌的灰雁之家，如此一來，就可在最近的距離觀察並研究灰雁家族間的互動與影響。因為在社會學研究上很重要的一點就是：判別由人養大的幼鳥對「人類養父母」的態度，以及灰雁父母哺育成長的幼鳥對真正父母的態度是否有所不同；如果不同，又表現在哪裡。

命運安排艾瑪和布里吉．基爾希邁耶養大的同齡雄雁交配——就是前面提到的馬可斯，我們都看過他和雄雁布拉休斯的艱苦戰鬥。如果艾瑪愛上的是一隻由灰雁父母養大的膽怯雄雁，西比勒為了教養她而付出的所有努力就全部付諸東流了。因為膽怯的雄雁可能會產生一種出於嫉妒的「保護慾」（前文曾提過），強烈阻止艾瑪和人類（西比勒）接觸。還好馬可斯對人類始終相當友好。

當艾瑪和馬可斯把其中一個巢箱選作巢位時，我們都非常高興。巢箱是歐伯甘斯巴赫池塘中的一道木樁建築，離西比勒住的小木屋很近。然而讓我們感到氣憤且無奈的是，艾瑪才剛下一個蛋，一對黑雁（*Branta bernicla*）就把牠趕出了巢箱；但很快地，牠們也被迫把巢箱讓給另一對灰雁。這件事發生在一九七六年四月十一日，那天的氣溫在攝氏零度打轉，而且剛下過一場大雪。當時西比勒手邊沒有漁民常穿的長及胸部的涉水褲（我們每次要前往池塘的巢箱時經常穿著避寒），但為了保護艾瑪的巢，獨自住在歐伯甘斯巴赫的她情急之下直接脫去衣物，走進冰冷的池塘趕走搗亂的灰雁。請讀者們想像一下，天色還濛濛微亮，氣溫僅攝氏零度，而阻隔在西比勒和艾瑪間的是堅厚無比的雪層，以及足足一公尺半深的冷水！

可惡的敵人被趕走了，但結果已不可挽回：艾瑪再也不肯接近巢箱。牠寧可飛到歐伯甘斯巴赫上游一百公尺處搭蓋一個應急的巢。當我們終於找到牠時，巢裡已經有三顆蛋了。新巢就蓋在阿姆河畔，沒有足夠的遮蔽，可想見狐狸或渡鴉肯定會發現它。於是西比勒把蛋拿走，放回巢箱，艾瑪的第一顆蛋還在那裡。讓西比勒大為高興的是，艾瑪隨後回來巢箱下了第五顆蛋。但很無奈地，沒多久艾瑪又再次被可惡的黑雁趕走。話說回來，之所以會出現這種結果，和艾瑪的另一半——對人類非常溫馴友好的馬可斯有著極為密切的關係。事實上，馬可斯在雁群中是一個十足的膽小鬼，也缺乏哺育能力，這一點我會在之後牠與艾瑪養育幼鳥的過程中進一步闡述。

我們都以為，那個夏天艾瑪不會再孵蛋了，沒想到十天後她在阿姆湖的一座小島上蓋起了新巢。艾瑪在這個巢裡下蛋後開始孵蛋，我們也格外重視這次孵蛋，每天都去觀察狀況。孵蛋過程中，艾瑪對西比勒的態度很友善，也不抗拒她把蛋從巢裡一個個拿出來嗅聞或照光檢查。一顆變質的蛋會在巢裡炸裂，濺出的變質蛋白會堵住其他蛋的細孔，使裡面的胚胎窒息而死。從圖44中可以看到西比勒一邊伸手餵食艾瑪，一邊嗅聞雁身下是否有變質的蛋。

在艾瑪的孵蛋間歇期，西比勒會去探望並陪伴牠，溫馴且毫無脾氣的馬可斯對此當然不會表示反對，不過艾瑪對我的態度卻很惡劣（圖45）。孵蛋間歇期是雌雁在哺育行為中相當重要的時期，此時鳥蛋必須冷卻，氣室中的空氣收縮，新鮮空氣通過蛋殼上的細孔滲入。研究者在人工孵化灰雁的蛋時，也要模仿雌雁規律的孵蛋間歇期。雌雁在間歇期除了吃草、喝水，還會常常洗澡，因此當牠們回到巢裡時，蛋就會被弄濕。

孵蛋期間，雌雁只要離巢，都會謹慎地把羽毛蓋在蛋上，一座雁巢的牆體就是用羽毛填起來的。孵蛋期剛開始時，雌雁會從自己的腹部拔下羽毛，放在蛋之間和蛋的下方。在孵蛋間歇期，這一層羽毛的主要作用不再是保暖，此時這些蛋需要冷卻，同時擋住渡鴉和烏鴉的視線。當雌雁在長度不等的間歇期之後——短則十分鐘，長達一個小時以上，返回自己的巢裡，通常會長時間站在蛋的旁邊，徹底清潔腹部的羽毛，接著開始滾動巢裡的蛋。雌雁會把嘴喙伸進蛋的下方，讓蛋朝自己滾過來（圖46）。柔順的雌雁在孵蛋時會允許人類前來餵食自己，因此西比勒利用這點，在例行

艾瑪非常溫馴，西比勒查看牠的蛋時，牠也不會起身離巢。人可以藉由嗅覺來判定巢中是否有腐壞的蛋。艾瑪在哺育牠長大的西比勒身旁，安詳地吃著她手裡的食物。

44

艾瑪雖然認識我，還是邊咬邊用翅膀追打我，直到把我從牠的巢邊趕走。幾分鐘前牠還趴在巢邊吃西比勒餵牠的食物呢。

45

雌雁每天都會把蛋翻動好幾次。牠會把嘴喙伸到蛋的下方，然後把蛋朝自己身邊撥動，滾出巢的蛋也是這樣撥回來的。藉由頻繁撥動正在孵的蛋，可以避免卵膜黏在蛋殼上。

46

孵蛋期間，我們每天都去看望巢裡溫順的雌雁，偶爾餵食牠們。雌雁們對於我們能一起度過孵蛋間歇期都顯得很高興。幼鳥孵化時，母親們已經習慣我們的出現，這樣就可以毫不費力地近距離觀察灰雁家族。

47

檢查蛋的時候，藉由餵食引開雌雁的注意力（圖47）。

灰雁用羽毛和築巢物把蛋蓋住，可以防禦以視覺蒐尋獵物的渡鴉和烏鴉，卻擋不住以嗅覺覓食的肉食性哺乳動物。在其他地區已經相當少見的美麗渡鴉，卻很常出沒在阿姆山谷。尤其在自然保護區，這種鳥特別多，牠們通常受到熊、狼或其他猛獸的食物吸引而來。年老的渡鴉有一種出色的技術，能夠從狼窩裡把被啃了大半的獸骨偷出來；相較之下，其他幼小的動物則常在類似的行徑中喪命。

烏鴉是了不起的鳥類，但我們都不願意看到牠們蹲踞在雁巢附近的樹上（圖48），因為我們太常看到像圖49中那樣的灰雁蛋了。如今灰雁已經很清楚烏鴉和渡鴉是侵犯巢穴的敵人，儘管我們無法確知灰雁是在幾次糟糕的經驗之後發現，抑或是天生就知道敵人的身分。我們常常看見灰雁，通常是那些正在巢裡孵蛋的灰雁，一看見渡鴉或烏鴉毫無遮蔽地蹲在高高的樹枝上，就立刻飛起來朝牠們發動進攻。野雁在飛行中朝烏鴉撞過去，

雌雁下蛋時，渡鴉和烏鴉會很快出現在雁巢附近，等待機會偷襲巢中的蛋。我們好幾次觀察到在附近站崗的雄雁飛起來攻擊渡鴉和烏鴉。

48

儘管雌雁提高警覺，渡鴉和烏鴉還是多次成功地偷走蛋吃掉。我們常在雁巢附近發現這樣被打破的蛋。

49

當幼鳥即將孵化並從蛋裡發出聲音時，一直在離巢很遠處站崗的雄雁會飛回雌雁身旁。照片中是我們在接近塞爾瑪孵蛋的巢時，另一半阿多向我們發出了威嚇。

50

對我來說是相當新鮮的畫面。另一方面，烏鴉總是非常認真地看待灰雁來襲，並竭盡全力戰鬥——畢竟灰雁翅膀的擊打能力是極具威嚇效果的。

過了大約一個月，幼鳥終於孵化而出。此時雄雁也出現在巢邊（圖50）。我們無法得知雄雁如何判斷幼鳥的孵化時間，而很明顯地這和「生理時鐘」無關，因為如果替換成更早孵化的蛋時，雄雁也能及時趕來。雄雁很可能是藉由孵化幼鳥的聲音確認孵化行為——也許是牠飛來巢穴附近時聽到，也可能是雌雁聽到幼鳥在蛋殼裡發出聲音時，就把這個消息傳遞給雄雁。

幼鳥在孵化前，雌雁就已經在和牠們互動了。雌雁會用輕而急的嘎嘎聲，即所謂的情感聲（contact calls），和蛋殼裡的孩子說話；而幼鳥也已經掌握若干種聲音來回應，例如告訴母親自己的狀況。當幼鳥發出「哭聲」，即所謂「孤獨的鳴叫」（lost piping）時，雌雁會用情感聲做出撫慰意義的回應，而還未孵化的幼鳥有時會以問候的聲音再做出回應。如果幼鳥在還未啄破的蛋裡發出哭聲，雌雁的反應通常是把蛋翻轉一下，如果幼鳥已經鑽出殼或正要往外鑽，雌雁會微抬起身翹起翅膀（圖51），看著身下的孩子。有時雌雁會小心翼翼地咬咬牠們，不過此時牠更在意那些空蛋殼，必須把它們迅速弄到巢外，因為對正在孵化的幼鳥來說，它們意味著危險。不過母親們這樣做有時也會導致不幸：我們曾觀察到一隻雌雁把已鑽出殼一半的幼鳥，連同蛋殼一起從巢中扔進湖裡。

鑽出蛋殼的第一天，幼鳥逐漸躁動起來，越發頻繁地從母親翅膀下鑽出來，嘗試小小的遠行（圖52）——其實只移動到離還趴在巢裡的母親不遠的地方。接著，一個重要的時刻到來。雌雁起身，邊發出情感聲同時緩慢地離巢。一旁的幼鳥立刻緊緊地尾隨在後（圖53）。

在這段生命之初的年歲裡，幼鳥會頻繁地向雌雁取暖，間隔時間大約十五至二十分鐘。幼鳥們從母親的羽毛下探出頭來，對著母親的臉發出嘎嘎的問候聲，由此表示自己也是家族的一員（圖54）。一旦母親起身走

溫馴的雌雁克萊西允許我們在巢邊看望牠及剛孵化的幼鳥。兩隻幼鳥大約半小時前孵化，絨毛上還套著羽鞘，很快地這些羽鞘會變成細灰脫落。左邊的幼鳥已經會用眼睛盯著母親瞧，右邊的正在咬食巢旁的乾草，這兩種行為對幼鳥來說都非常重要：一個是認清母親，另一個是學著辨認食物。

51

幼鳥們在巢裡、在母親的翅膀下度過了孵化後的第一天。牠們之後會開始嘗試小小的遠行，慢慢為離巢做準備。照片中的兩隻幼鳥正努力地咬著草莖和麥稈，儘管牠們還沒開始享用真正的食物。

52

這一家族才剛一起離開巢。牠們在雄雁的帶領下游向環繞孵蛋小島的支流岸邊，此刻雄雁站在雌雁和幼鳥身旁保護牠們。雌雁一出水就馬上蹲低身體，好讓幼鳥能鑽到牠的翅膀下方。只見孩子們不覺疲累地好奇啄起了岸邊的乾草。

53

當幼鳥覺得冷或累了，就會鑽進母親的羽毛下方，並將頭使勁拱向斜上方，於是就會像照片中的幼鳥一樣，最後又從母親身體上鑽出來。幼鳥一看到母親，就會朝母親頭所在的方向發出嘎嘎聲以示問候。

54

動，幼鳥就緊緊跟在牠的腳跟後（圖55）。

對於肩負起母親責任的動物，一般人對於牠們所教給孩子的事常存有非常離譜的想像，例如人們可能會在書中讀到燕子會教孩子飛行等無稽之談。對近乎所有的鳥類來說，大多數延續物種的行為模式都是天生的，對於像灰雁這樣一離巢就會自行覓食的鳥類來說更是如此*。幼鳥啄食，吞嚥食物，這些動作完全是天生的，但什麼是真正的「食物」，就必須透過後天學習。在學習過程中，「模仿母親」的行為非常重要。出生後最初幾天裡，孩子們會非常專注地觀看母親吃的食物，然後也去啄食同樣的食物（圖56）。我們在觀察艾瑪帶孩子的一年裡，逐漸體認到動物父母在「身教」的重要性。身為由人類親手養大的灰雁，艾瑪非常清楚我們會餵哪些食物，因此每當餵食時，牠總是貪婪地大吃一頓；與此同時，一隻由灰雁父母親自哺育長大的雌雁也在阿姆湖邊帶自己的幼鳥。儘管牠們不容易在

---

* 審訂註：這樣的鳥類，稱為「早熟性鳥類」。反之，無法自行覓食必須仰賴親鳥餵食的鳥類，則稱為「晚熟性鳥類」。

一個緊密團結的家庭對幼鳥來說非常重要。無論雌雁移動到哪，幼鳥都會緊緊跟隨在母親身後。

55

在生命最初的幾天裡，幼鳥開始學習哪些食物好吃、哪些不那麼好吃。牠們一方面透過啄食不同的植物來體會，同時仔細觀察父母吃了哪些食物。

56

泥炭蘚上覓食，但當我們試圖提供幼鳥很好的食物時，牠們並不吃，因為牠們的父母不認識這種食物。當幼鳥離巢時，沼澤島（灰雁在這裡獲取食物）上的睡菜（*Menyanthes trifoliata*）（圖57）和羊鬍子草（*Eriophorum*）（圖58）也開花了。

幾天後，體型還很瘦小的幼鳥就能以不可思議的速度跑得很遠，在水裡就游得更遠了（圖59、60、61）。幼鳥們可以和父母一起走上好幾公里的路，例如從阿姆湖走到我們的研究站（圖1和其他照片中都可以看到），就足足走了六公里。奇怪的是，幼鳥才孵化沒幾天，灰雁家族就表現出強烈的遠行欲望。在阿姆湖上孵完蛋的灰雁，家家戶戶都突然出現在歐伯甘斯巴赫，在下游自然保護區的大池塘上完成孵蛋的其他灰雁也是如此。那一年，路卡斯和海克司夫婦帶著五個孩子，踏著厚厚的積雪離開自然保護區，最後只有三隻抵達歐伯甘斯巴赫。我們推測，引發這種移動（movement）行為的是灰雁對歐伯甘斯巴赫的渴望，因為牠們當中大多數

5月，阿姆湖畔的沼澤島和沙嘴上盛開著罕見的睡菜。

57

在同個地點還可以看到這種羊鬍子草。

58

照片中，灰雁家族跟著我們的小船游水。游在前方的塞爾瑪想吃我們手中的食物，幼鳥也跟著牠一起過來了，阿多緊跟在後，不時發出威嚇聲。

59

幼鳥才孵化沒幾天就能游出相當遠的距離，令人驚奇。

60

灰雁大多選擇游過較長的路程，此時通常是由父親帶著全家人行進。就像照片中的阿多，為了保護家庭，牠會游在最前面，塞爾瑪則游在幼鳥們後方。

61

都曾在那裡度過童年。只有一對在歐伯甘斯巴赫孵完蛋的灰雁夫婦帶著孩子搬去阿姆湖，而這對灰雁夫婦都不是在歐伯甘斯巴赫長大。

遷徙（migration）是危險的，幼鳥常常在途中遇難。不過從另一方面來看，灰雁的遷徙行為也極富趣味。每年都有幾對灰雁從阿姆湖遷徙到歐伯甘斯巴赫，西比勒對此展開進一步的研究。灰雁大多在清晨動身，只有一次是傍晚時上路——那是一九七七年，遷徙者是塞爾瑪和她的九個孩子，以及新伴侶阿多。塞爾瑪和艾瑪一樣，都是西比勒親自哺育長大，也像艾瑪一樣依戀她。西比勒一察覺灰雁出發，就趕過去找牠們。途中，她發現雁群被湍急的水流困在島上，每隻雁都不敢往前走。於是她耐心引誘了雁群兩個小時，只見灰雁一次次走向岸邊試圖下水，卻又害怕地轉身回到原地。最後，西比勒索性直接抱起當中的三隻幼鳥渡河，然後在岸邊把牠們放下。幼鳥的父母隨即就跟過來了。接著牠們想帶幼鳥沿著一條車輛往來頻繁的街道行進，西比勒趕緊上前阻止。她把雁群趕到水邊，整個家族馬上下水，安安靜靜地順流而下，朝歐伯甘斯巴赫方向游去。不過阿姆河的流速遠遠超過擁有結實長腿的西比勒的速度，她很快就被灰雁家族拋在身後。不過，塞爾瑪隨即從遠方發出了呼喚聲，整個家族就停在原地等待西比勒，直到她追趕上來。之後當灰雁又想走上街頭時，西比勒就會再次出面阻撓——儘管確實是通往歐伯甘斯巴赫的小路，而且走起來很舒服，但無論如何對於灰雁還是有一定的危險性。西比勒和灰雁家族沿著另一條小路穿越樹林。這條路只有家族中的媽媽走過，而且還是在小時候從相反方向走回來的，儘管如此，雁群並沒有迷失方向。夜幕降臨時，大夥兒才抵達歐伯甘斯巴赫。抵達目的地之後，阿多和塞爾瑪就先輕鬆地洗了個澡，然後前往西比勒的小木屋裡吃晚餐，飽餐一頓後，一家人就在一座安全的小島上就寢。遺憾的是，西比勒和灰雁家族進行的這段偉大旅程沒有留下任何照片紀錄。她在途中多次涉水穿越阿姆河，當時湍急的河水幾乎淹沒了她的腰，如果揹著珍貴的相機，可能也一起泡湯了呢。

第四章

印痕

孩子和母親之間的初次交流非常重要，它既不會重複發生，也無法回溯抹滅，我們稱之為印痕。新生幼雁的先天行為永遠和飼育員緊緊相繫。為了成功扮演母親的角色，飼育員必須在幾週的時間內，把自己全數奉獻給牠的孩子們。

在生命最初的幾天，灰雁的幼鳥們就開始劃分起社會階級。幼雁戰爭常發生在大清早，甚至凌晨，所以我們一直沒觀察到這個現象。直到一九七一年，西比勒．卡拉斯終於發現了這個祕密，當時幼鳥們突然在她面前激烈地相互拍打、啃咬起來，在某種程度上甚至可說是群雁混戰。

灰雁父母對此出現了非常奇怪的反應。牠們顯然覺得眼前的一切很可怕，亢奮緊張地盯著混戰中的幼鳥，還不時展開翅膀，發出嘶嘶聲——灰雁父母的反應就像發現了一頭猛獸竄入幼鳥群（圖62），但牠們並不因此阻止幼鳥們戰鬥，只在處於下風的幼鳥逃離戰場鑽入母親翅膀下方時，才會給予消極的保護。

戰鬥中的幼雁已經懂得使出成年灰雁的各種戰鬥技巧，例如張嘴啃咬或拉扯對手的羽毛（圖63），還會用翅膀撞擊對方——不過幼鳥這麼做只是徒勞，因為牠們的翅膀還太小、太短。幼鳥也會用嘴喙咬住對手，把對手朝自己拉到能成功擊中對方翅膀的位置。牠們像成年灰雁一樣屈起其中

在生命的最初幾天，幼鳥們為群體中的階級地位展開混戰。母親通常會在一旁好奇地觀看，而不加以干涉。

62

一隻翅膀，卻因翅膀過短，只能拍打到身軀的一側；為了保持平衡，牠們只好把另一隻翅膀伸向後方（圖64）。

幼鳥們會在母親的翅膀下找到合適的位置，然後待在那裡（圖65）。當牠們想取暖時會發出輕輕的顫音，就是所謂的睡眠聲（sleeping call），同時往前擠到母親身邊。如果幼鳥在強烈的陽光下站得太久，會躲進父母的陰影下，前提是父母得長時間站著不動——牠們也的確常常如此，至於這種行為的目的是否為了讓幼鳥涼快，我們就不得而知了（圖66）。不過目前所知，白鸛（*Ciconia ciconia*）是唯一出於此原因而站立不動的鳥。

我想在此簡單介紹灰雁父母帶領幼鳥的過程。最初的幾天，多半是由父母親帶隊外出，不過也只限於這個時期，因為幼鳥愈長大就愈傾向獨立行動。尤其是剛長出羽毛的幼鳥，比起父母等於是披著兩層毛，因此儘管成年灰雁覺得氣溫適中，幼鳥還是覺得熱。於是牠們會毅然地走進蔭涼處，並持續發出哭聲讓父母跟過來。隨著幼鳥年齡增長，牠們對雁群的集

戰鬥中的幼鳥會咬住對手的脖子，用翅膀加以攻擊，戰鬥技巧和成年灰雁如出一轍。

63

右邊的幼鳥正抬起翅膀準備攻擊對手，可是因為翅膀太短了，完全打不到。

64

艾瑪的孩子已經出生14天，母親的翅膀下方對牠來說太小了。

65

在豔陽高照的炙熱午後，幼鳥們喜歡趴在父母的陰影下休息。

66

體行為影響就更大了；不過令我們更感興趣的是：灰雁父母日後對幼鳥的影響。

一隻表情可愛得讓人憐愛的幼鳥（圖67），四到五天後很可能就掛上了截然不同的表情，這一點可以從一隻才出生四天的幼鳥照片中明顯地看出來（圖68）。

幼鳥的行為模式也像牠們的外形一樣轉變得很快。一團可愛的黃絨絨小球迅速長成了一隻驕傲高飛的鳥，我們總是帶著驚嘆仰望牠們。灰雁的個體行為發展以至整個家族結構，尤其是彼此的交流方式，對我們來說很重要。灰雁父母會把孩子帶回自己度過童年的地區（例如歐伯甘斯巴赫），並在那裡養大幼鳥；而哺育灰雁父母成長的飼育員們，也在同樣的地點生活著。我們可以由此更深入研究比較，從中發現我們在哺育灰雁時犯下的錯誤。一位年輕學者葛倫．史密斯（Colombe Smith）曾相當嚴肅地對我說：「我還得從海克絲身上學很多東西。」海克絲就是那隻踏著厚

幼鳥長得像是春季冒出的一團蓬鬆柳絮。

67

出生四天後的幼鳥已經露出了成年灰雁的表情。

68

厚的積雪，帶著孩子從自然保護區來到歐伯甘斯巴赫的雌雁。

我們已經在圖2看過歐伯甘斯巴赫的風景。那裡有一座提供科學家居住的池畔小木屋，是由森林技術工程師施特邁耶設計並建造的（圖69）。從阿姆湖遷來的灰雁家族，也來到我們為人工飼育的灰雁所準備的食槽邊一起用餐（圖70、71）。小木屋和池塘周圍生長著美麗的植物，緊挨著小木屋旁盛開的是刺檗（*Berberis vulgaris*）（圖72）、龍膽（*Gentiana clusii*）（圖73）和在其他地區已十分罕見的杓蘭（*Cypripedium calceolus*）（圖74）及紅口水仙（*Narcissus poeticus*）（圖75）。紅口水仙在灰雁生活的草地上開得特別好，因為灰雁不碰它們的葉子，只吃周圍的草。

西比勒站在歐伯甘斯巴赫的小木屋門口。每年的3月到9月，前來研究灰雁的科學家及助手就住在這間或另兩間小木屋裡。在這裡可以不受干擾地餵養灰雁幼鳥，同時觀察格呂瑙雁群中其他灰雁的行為。

69

艾瑪、馬可斯和牠們的三個孩子福列卡、阿斯卓和歐萊爾老神在在地前來小木屋的食槽用餐。灰雁父母已經脫去了初級飛羽（primary feathers），幼鳥們則已長出尾羽（tail feathers）和翼上覆羽（wing coverts）。

70

吃同一個碗裡的食物時，父母親總是讓孩子們先用餐。

71

在阿姆山谷地勢較高的一側，森林外圍和林中樹叢中最具代表性的是這種刺檗，它的大量黃花會在四周一帶散發典型的濃郁香味。

72

73

74

歐伯甘斯巴赫的小木屋周圍盛開著龍膽、杓蘭和紅口水仙。

75

在這片迷人的風景之下，每年都有一群灰雁和人類奇特地生活在一起。幾個家族的灰雁，特別彼此是父子、兄弟姊妹或有親密情誼的關係，總是把牠們的孩子聚在一起哺育，就像一家灰雁幼兒園一樣。不過幼鳥們並不會混居，而且當需要取暖時，永遠不會找錯母親而鑽去另一隻雌雁的翅膀下。另一方面，灰雁家族間也保持著十分密切的聯繫，如果有危險逼近，就能聯手抵禦入侵的敵人。當一頭猛禽朝雁群衝來，家族中的幼鳥緊緊擠成一團，每一對灰雁父母都立刻展開翅膀，團團圍起幼鳥形成防禦圈。灰雁在此時的尖厲喊叫和不斷發出的嘶嘶聲，甚至能把巨大的侵略者嚇得知難而退。我們製作了一只玩具蒼鷹，把蒼鷹透過一條拉緊金屬線上的滑輪朝雁群滑去，成功完成了這場實驗。但很遺憾地，我們雖然用了很好的底片，卻沒有拍出令人滿意的照片。

一般來說，那些由我們養大的灰雁父親，以及其他少數較馴順的灰雁父親，都會和哺育幼鳥的飼育員交朋友，就像牠們去拜訪雁群中其他哺育幼鳥的父親一樣自然。這是一種充滿詩意的群體生活（圖76）。於是很自然地，哺育幼鳥的青年科學家的行為舉止完全以灰雁為榜樣。每次看到灰雁和年輕人一起悠閒散步的情景，感覺很奇特，卻令人愉悅。

幾個星期過去，幼鳥的絨羽（downy feathers）終於由羽毛所取代。這些羽毛是從發出絨毛的同一突起中長出來的，因此日益變長的羽毛尖端最初還頂著絨毛，後來就慢慢脫落。這些絨毛在後腦和脖子上部存留的時間最長。當孩子長大到不必再躲到母親的翅膀下取暖時，父母也就失去了自己的初級飛羽（primary feathers）（圖77）。健康的灰雁幾乎同時脫掉所有的飛羽，這大多發生在灰雁拍打翅膀或清潔自己的身體時。雖然再也不能

艾瑪的孩子已經出生5個星期。除了飛羽之外，牠們的羽毛幾乎都長全了。這個年齡的灰雁頸部和後腦還長著黃色的絨毛，讓此時的灰雁「髮型」顯得有點滑稽。

76

每年6月，灰雁都會失去所有的飛羽，要等到約4週後長出新的羽毛才會恢復飛行能力。一隻健康的灰雁會在短時間內脫掉所有的飛羽，通常是在牠們整理或搖動羽毛的時候。

77

艾瑪和孩子們在整理羽毛時，一家之主馬可斯會繃緊神經注意森林周遭的動靜。

78

艾瑪整理羽毛時，會把一隻翅膀從體側羽毛中抽出來。我們可以清晰地看到藍色的羽鞘尾端已經破裂，露出了新的飛羽。大約再過3到4個星期，艾瑪又能繼續飛行了。

79

飛行，一家之主仍會繼續著保護和照顧整個家族的任務。這隻緊張地傾聽森林裡動靜的雄雁（圖78），牠是艾瑪的丈夫——馬可斯，牠的身上已經沒有飛羽了。在飛羽脫落近一個星期時，每當雌雁清潔身體時，就可以看見牠的新羽毛又長出了好長一段（圖79）。再過約莫三到四星期，父母又能飛了；與此同時，幼鳥的飛羽也會再成長二．五公分。從時間點來看，父母再次飛行和幼鳥會飛的時間恰恰吻合，而由此也可看出大自然了不起的安排。

對現在的幼鳥來說，一段隱藏著重重危險的歷程也隨之展開。儘管牠們不必真正從零開始學習飛翔——起飛時的協調動作、直直前飛、急停到降落等技巧都是與生俱來的能力，但還是得學會正確測量空間距離及高度差，特別是判斷風勢。幼鳥必須了解自己只能迎風降落，如果在順風時降落就會摔個可怕的跟頭。飼育員可以這樣減輕幼鳥的學習壓力：當牠們低空迎風朝飼育員飛來時，嘗試引導牠們降落——迅速蹲下或趴在地上，幼鳥對此所做出的反應就像看到帶領自己飛行的父母降落一樣。一般來說，幼鳥會不計後果地堅持降落。不過我們必須理解到，灰雁父母有時會選擇錯誤的時機降落，而當牠們過早降落時，就可能讓不敢降落的幼鳥因而脫離父母的引導。我在幼鳥學習飛行的過程中，曾經進行一次有點殘酷的實驗：我以前述的方法誘使幼鳥順風降落，而且都是「墜機著陸」。雖然當時那四隻幼鳥都沒有受傷，但我已顯然失去了牠們的信任，此後我再也無法透過迅速蹲下的動作讓牠們降落了。

西比勒觀察到一個很有趣的行為：灰雁父母會試圖影響剛會飛的幼鳥。當幼鳥開始晃動嘴喙並展翅表達想飛的意願時，父母會發出警告的聲音，阻止幼鳥起飛。我們在養幼鳥時就觀察到，牠們在翅膀尖端還沒長到能於合攏時交叉的長度前就能飛了，因此一個不注意幼鳥就會獨自飛走，不幸也就偶有發生。有一次，一隻年幼的雌雁就在三公尺高處撞到牆壁，牆上還留下牠為了停住飛行朝前伸出的爪印。我們在牆壁正下方發現了牠的屍體，死因是肝臟破裂。

大多數情況下，這種意外通常可以在父母的警告或制止下避免，因此相較於人類養育的幼鳥，由灰雁父母養大的幼鳥發生意外的可能性要小得多。此外，灰雁父母還有其他阻止飛行事故的方法。如果幼鳥不顧阻止飛上天空，父母會馬上跟上，並立刻引導幼鳥降落。由於父母當時的翅膀還很短，飛起來都格外小心，而且盡量不做急轉和急停動作。當然，這些用心良苦的父母並不知道的是，自己在這段過程中帶給孩子非常寶貴的飛行教學指導：牠們讓幼鳥知道哪裡適合著陸，並指出可以安全飛達的路程。各位可以在圖80中看到，這隻正向另一灰雁家族發出威脅的母親剛長出的初級飛羽。

灰雁剛會飛的時候，羽毛是最美的（圖81）。牠們的每一根羽毛都在同一時間長出來，而且每一根都很新，這種鳥在往後的生命中再也不會出現同樣的現象。而牠們尾翼上的羽毛，即所謂的小翼羽，更是異常美麗。

艾瑪習慣等到孩子們就寢之後在高處站崗。照片中，她正向一群陌生的灰雁家族發出威嚇的嘶嘶聲。

80

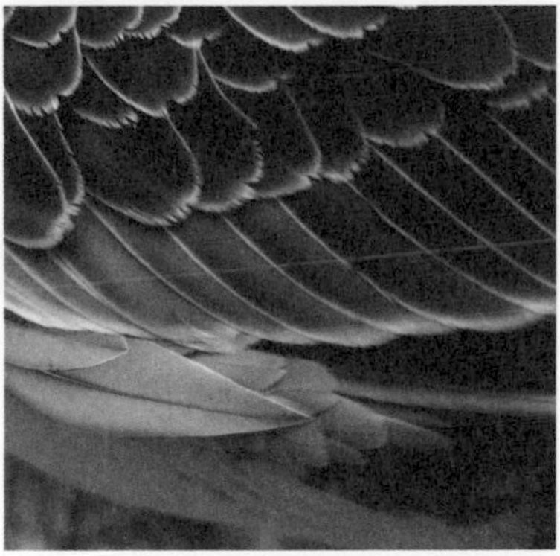

我們在親自養大的雌雁辛妲（艾瑪的姊妹之一）身上看到新生的美麗羽毛。

81

灰雁把翅膀抬起來時，可以看到彎成鐮刀狀異常美麗的尾翼。

82

灰雁在飛行中，特別是減速和下降時，小翼羽和飛機上的襟翼有著類似的功能（圖82）。最初，在已經長成的廓羽前端還留有第一批絨羽，那是剛出殼的幼鳥的「外衣」（圖83），當它們脫落的時候，灰雁的羽毛就光滑得無可挑剔了（圖84）。

不僅羽毛值得一看，連牠們的腳也同樣迷人。覆蓋其上的鱗皮是爬行動物支系（鳥類就是從中演化而來的）的古老遺產（圖85、86）。我們在灰雁腳上套的腳環是用來識別牠們的標記，這種鋁環是由位於博登湖畔、研究鳥類遷徙的拉多夫采爾鳥類研究所製造的，那裡記錄著所有腳環的資訊。如果有人在遙遠的地方找到我們的灰雁，研究所會立刻通知我們；如果灰雁還活著，我們會不惜重金請對方把牠們平安地送回來。彩色的塑膠環則是每隻灰雁獨有的標誌，鋁環上的環記錄著灰雁的出生年月。

新生羽衣的廓羽前端還保留著絨羽。因為兩種羽毛都是從同一個突起中長出來，也就是說絨羽被擠出來了。

83

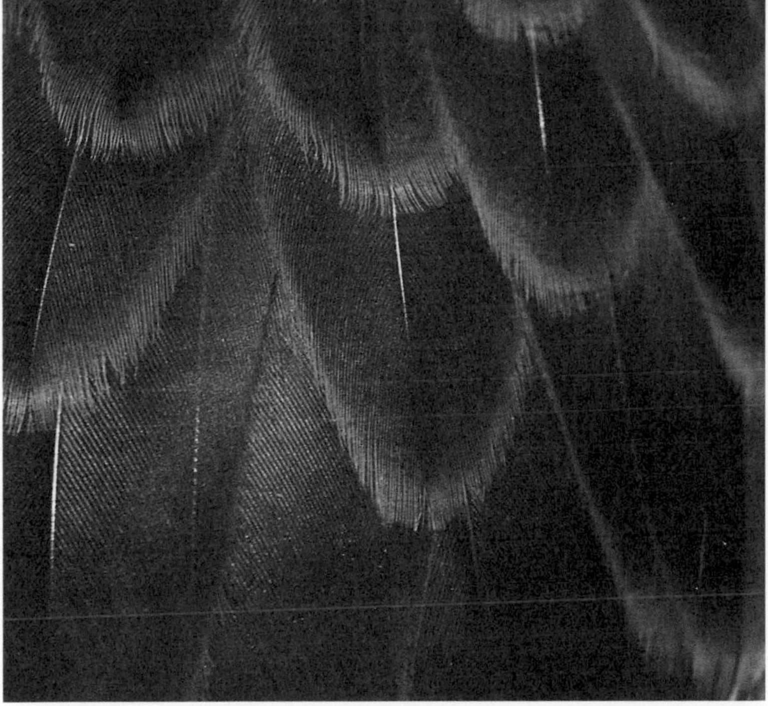

最後一批絨羽脫落時，灰雁的羽毛就光滑平整得無可挑剔了。灰雁的一生中再也不會擁有如此勻稱的羽毛，因為牠們的羽毛再也不會在同樣的時間裡長出來，畢竟次級飛羽的換羽期6月底才開始，那時小翼羽已經長出來了。

84

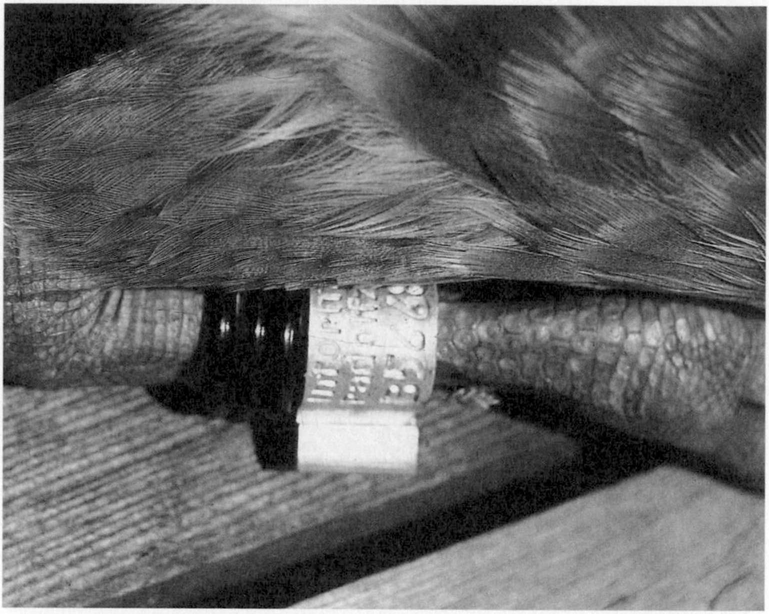

我們所有的灰雁都戴著拉多夫采爾鳥類研究所的一個數字鋁環和三個彩環，可以從組合方式判別灰雁的出生年月、餵養方式和所屬家族。

85

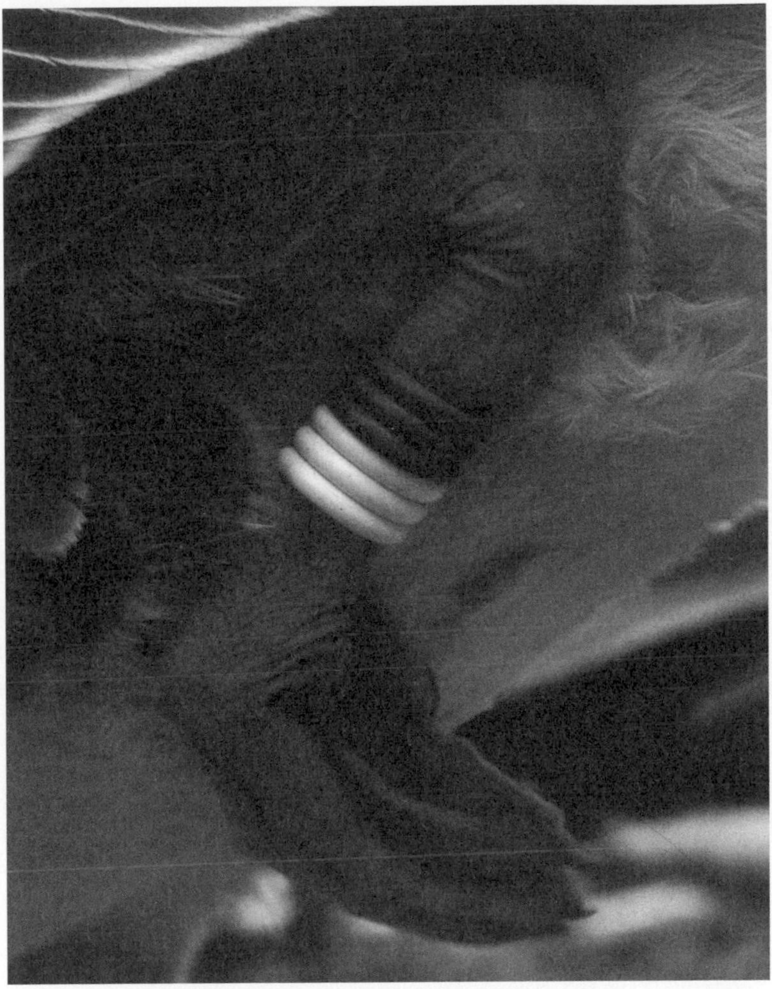

86

灰雁家族通常會長期生活在一起，也因此特別適合以牠們作為動物心理學和社會學的研究對象。大多數野雁在會飛之後就不再和父母保持聯繫，而灰雁卻始終保持密切的家庭關係，並積極參與父母和其他家族灰雁的互動（圖87）。照片中不足七週大的雄雁（知名的艾瑪之子）正站在家族的最前方，威嚇著朝敵人走去。我們在前面對灰雁換羽已經有所理解，從這隻小英雄的青澀羽毛以及父母還稍短的翼尖（牠們還沒長到足夠的長度），就能看出牠的年輕氣盛。幼鳥經由參與家族中的所有紛爭，逐漸了解到父母在雁群中的地位，並順理成章地繼承這樣的地位。當一隻幼鳥狂妄地朝一隻成年雄雁走去，並試圖把對方從食碗邊趕走時，那情景看來實在相當逗趣。不過這種荒誕的場景也只可能發生在離自己家族、特別是幼鳥父親不遠的地方；我曾看過，地位高的家族的孩子在距離家人很遠處遭到地位低的灰雁毆打。

隨著幼鳥逐漸長大，灰雁一家也不再迴避其他灰雁家族。當灰雁度過換羽期返回阿姆湖時，幼鳥們會知道自己家族在雁群中的地位。很快地，牠們會和父母一起對其他灰雁擺出威嚇姿態。

87

幼鳥一旦完全具備飛行能力，次級飛羽就進入了換羽期（年長的灰雁會稍早於幼鳥）。圖88中是一隻帶著兩個完全能獨立飛行的孩子的雌雁，左前方是母親，從牠身上可以清楚看到已經在換羽了——深色的新羽很容易辨別。

幼鳥完全具備飛行能力時，父母會帶牠們到稍遠的鄉間展開短程旅行，通常是幾個家族結伴遠行。圖89中的灰雁正飛離我們的池塘前往阿姆湖。在最初的幾趟遠行中，灰雁通常不會在遠處歇腳，而是未經著陸就飛回我們的池塘（圖90）。此時正是剪秋羅（*Lychnis flos-cuculi*）（圖91）盛開的時節。我們每當看到雁群學飛的階段順利畫下句點，都由衷感到開心，儘管我們對此前發生的一切仍感到驚奇不已：不過四週的時間，一顆蛋變成了一隻毛茸茸的幼鳥，牠會哭泣、問候、悲傷與喜悅，而且能親近生命，不管是人還是灰雁。每一年，我們都再次以期待而驚奇的心情，看著此後八週，一顆可愛的小絨球長成一隻成年灰雁。牠們總是排著整齊的隊伍在高空飛翔，從不畏懼眼前襲來的風暴。

突然間，我們的池塘上出現了許多灰雁，原來是還沒有繁殖力的一歲及兩歲的幼鳥從阿姆湖回來了。換羽期間，幼鳥們在阿姆湖的平靜湖灣和遼闊湖面上過著祕密生活；那些出外孵蛋的灰雁也回來了。伊克絲和牠的伴侶拉契尼——我用好友上校拉契尼的名字命名，他也餵養著一群雁——在基姆湖旁的格拉西島（離歐伯甘斯巴赫的空中距離約兩百公里）上孵蛋。到了秋天，伊克絲和拉契尼帶著幼鳥返回我們所在的阿姆山谷過冬；還有另一個灰雁家族也來了，只是我們不知道牠們先前是在哪裡孵蛋。這時，阿姆山谷充斥著灰雁的鳴叫和躁動——灰雁此刻的腦袋和身體都不斷受到先天的遷徙行為所驅動，甚至是那些不會飛走的灰雁。我們很清楚牠們當中的大多數不會飛走，可是當牠們飛上空中時，我們還是擔憂地望著牠們。

過去，阿姆山谷裡沒有野雁，就算有也只是前來歇腳的過客。在我們

灰雁通常會在中午洗澡，然後徹底清理自己的羽毛，尤其是換羽期間。從落在草地上的羽毛就可以看出，牠們正用嘴喙把角質鞘從新的羽毛上除去。

88

幼鳥最初的旅行是從歐伯甘斯巴赫沿著阿姆河向上游或下游飛。如果飛行的距離很短，就不會形成典型的三角形。

89

幼鳥在結束飛行練習返回我們的池塘時，常會遇到困難。牠們從阿姆河河床起飛，越過岸邊的樹木，然後降落在池塘和草地上。技術還不熟練的幼鳥容易在滑翔中失去平衡，偏離飛行軌道，這時牠們會發出可憐且帶著恐懼的哀鳴聲。

90

剪秋羅的玫瑰色花瓣是妝點夏日草地的美麗風景。

91

搬進來之前，只在阿姆山谷裡見過零星幾隻寒林豆雁：一隻是在一九七四年暫居阿姆湖，另一隻則在一九七七年九月突然出現，牠和我們的五隻豆雁結為朋友，直到今天還留在這裡。這隻豆雁剛來的時候還披著雛羽，肯定是在偶然因素下和父母分離；另一隻豆雁很可能也是因為同樣理由來到這裡。

建立一個自由生活的雁群需要做足前置作業，第一步就是孵蛋——所有的生命都從蛋裡新生。我們做過許多實驗，還是無法順利使用孵蛋器孵化灰雁的蛋；幸運的是，我們改讓鵝孵蛋時取得了更理想的結果。其實這種經長年馴化的生物已失去了孵蛋的行為能力（我們在前面已經提過），如果飼育員讓鵝自行孵蛋，鵝雖然不太會離開孵蛋的崗位，可是離開時也不見得去水裡游泳，常常沒過多久又回到巢裡，羽毛也還是乾的。因此，如果想讓鵝孵化灰雁的蛋，就必須定時且強制牠們間歇離巢。但必須注意一點：鵝咬起人來非常可怕，這種強制常使飼育員的手上多出許多道傷口。此外，飼育員也必須不時用水噴在鵝的身上或把牠們放到水裡，以提高巢內的濕氣。飼育員也最好不時翻動灰雁蛋，畢竟鵝在孵蛋上並不那麼可靠。

然而，我們還是無法不用孵蛋器。幼鳥對人類飼育員的依戀是牠們願意在某處定居的重要前提。因此，人類如果想得到牠們毫無警戒的依戀，就必須在幼鳥一孵化（甚至在孵化過程中）就開始哺育牠們。其實幼鳥從蛋殼裡鑽出來之前，就已借助聲音及其他微小的互動開啟與外界的交流。蛋的鈍端是氣室，每個人敲開雞蛋時都會看到它。眾所周知，世上總有唱反調的人——他們偏偏從尖的一端敲開雞蛋。我們在斯威夫特的《格列佛遊記》中讀到，這種奇妙的分歧還意外在小人國導致了一場戰爭。

破殼而出的第一步是，幼鳥用嘴喙把氣室和蛋裡其他組織間的膜切斷，接著幼鳥就可以用肺呼吸了。在這之前，牠的氧氣都來自卵膜中循環的血液。幼鳥用肺呼吸之後，會慢慢發出聲音：例如當蛋的溫度下降時，牠會發出悲傷的單音節聲（lost piping calls）；這時如果飼育員用撫慰的聲音對牠說話，牠會改用雙音節的聲音表達「問候」。和一隻還待在蛋中的未孵化幼鳥的「對話」經驗，總是讓人印象深刻。

幾個小時之後，蛋殼上出現了第一個洞。這個洞絕不是「啄」破的，而是被幼鳥的蛋齒（egg tooth）從裡往外擠破的。孵化時，幼鳥會沿著蛋的縱軸轉動，同時用蛋齒擠壓蛋殼。蛋齒是真正的牙齒，也是鳥類還擁有的唯一的牙齒，它是爬行動物支系的一個古老遺產。爬行動物也有一顆蛋齒，和鳥類一樣不在嘴裡，而是在鼻尖上。任何一隻幼鳥都不會「啄」蛋殼，因為蛋裡頭沒有那麼大的空間。幼鳥的頭會以奇異的姿勢朝後伸到一隻翅膀下方，然後用額頭和嘴喙擠壓外殼；當肌肉發達的頸部伸直，蛋齒向外一頂，就會在蛋殼上弄破一個小洞，幼鳥會同時沿著蛋的縱軸稍微轉動，以便蛋齒移動到下一個破殼處。

不過，幼鳥的破殼工作並不是一直持續下去的。幼鳥在擊破第一個洞之後，通常會休息較長一段時間。此外，幼鳥在夜裡也不會破殼。這麼做或許很合理，因為那時母親也要休息。母親對幼鳥在破殼上的幫助雖很有限，卻十分重要。

當幼鳥終於把蛋殼的鈍端擊破了一圈缺口時（圖92），就會伸直脖子，把整顆頭露出來（圖93）；這時如果牠也把腳伸直，就很容易從缺口鑽出來了（圖94）。剛出殼的幼鳥看起來濕漉漉的（圖95），和大多數長絨毛的幼鳥一樣。這是因為絨羽在蛋裡被細小的角質鞘所包圍，而角質鞘也限制了絨羽的生長。於是在孵化之後，角質鞘很快就變乾脫落，只留下細細的一層灰，絨羽則開始以倍速增長（圖96）。首次看見這個過程的人總是感到相當驚奇，體型這麼大的幼鳥究竟是用什麼方式待在小小的蛋裡。此時，還可以在牠們的喙尖上清楚看見蛋齒（圖97）。

剛孵化的幼鳥的內臟裡還有相當多的卵黃，牠們可以靠卵黃再存活幾天。但是，牠們必須在耗盡這些營養來源之前盡快學會辨別食物。幼鳥一離巢，就對所有可食用的事物感興趣——牠們啄食所有可能的物體，完全不像我一開始所想的先天就喜愛綠色的事物。牠們主要啄食小的東西，也像成年灰雁一樣做出所有撕扯、咬斷和吞嚥植物的動作。至於這些動作的真正目的，幼鳥們還得慢慢學習（圖98）。

飼育員可以幫助幼鳥找到正確的食物，例如用手指碰撞食物來引導。引起我們注意的是，那些由人帶大的幼鳥一見到路上的小水坑就貪婪地撲過去，埋首其中努力完成水底覓食的動作；不過牠們從來不在滿是淤泥的池塘裡這樣做，只選擇小路或街上的水窪。好一段時間之後我們才明白牠們這麼做的理由：灰雁的胃肌肉發達，內膜全是堅硬的角質，可以藉由吞下的小石頭磨爛粗纖維的植物。幼鳥在路上的小水坑裡找的就是適合留在胃裡的小石頭。

我們早期餵養幼鳥時發現，幼鳥的絨羽在游泳和洗澡時不夠防水，不

這隻幼鳥幾乎完成了一半的破殼工作：牠已經在鈍端撞開了半圈。我們可以看到還插在角質鞘裡的絨羽。原本白色的灰雁蛋經過孵蛋期後變得微微發亮，由於母親不斷用帶油的翅膀摩擦它，也呈現黃褐色的汙漬感。母親的摩擦對蛋殼的透氣性很重要。這些蛋都是我們讓鵝孵出來的，並在幼鳥快孵化時才放到孵蛋器裡。

92

幼鳥伸直脖子頂開蛋殼，接著雙腿再蹬踏幾下，頭和身體就完全出來了。

93

剛鑽出殼的幼鳥因巨大的努力而疲憊不堪，於是先趴著稍作休息。但牠很快地抬起頭來，試圖找尋並鑽入母親的翅膀下方，嘎嘎地朝著向自己說話的人發出第一聲輕輕的問候。

94

像由灰雁父母撫養的幼鳥那樣乾爽（圖99）。於是我們揣測這些幼鳥的羽毛上缺乏油脂，而這層油脂一般是幼鳥鑽到母親翅膀下摩擦來的。由於幼鳥尾翼上的油脂腺要在幾週之後才開始作用，我們決定先「擠」成年灰雁的尾脂腺，把獲得的油脂塗在幼鳥身上。沒想到牠們卻比以前更濕了。又過了一段時間我們發現，幼鳥的防水性並非來自母親羽毛上的油脂，而是通過帶電所形成；當幼鳥把自己的絨羽在母親腹部羽毛上摩擦時，絨羽就能帶電。我們這才恍然大悟為什麼灰雁或水鳥總是不停清潔自己的羽毛（圖100）：這樣做可以讓羽毛重新帶電，恢復防水性。最後，我們終於可以安心地用一塊乾淨的絲巾徹底摩擦我們的幼鳥們，看啊，牠們和由灰雁父母帶大的孩子一樣防水了。

幼鳥的成長過程中，所有生理上的照護都不如關注牠們的精神層面那樣不可或缺。我們先前談過，母親和孩子之間的交流，在幼鳥擊破蛋殼上第一個小洞之前就已經開始了。幼鳥孵化之後，這種交流也不斷增強，同

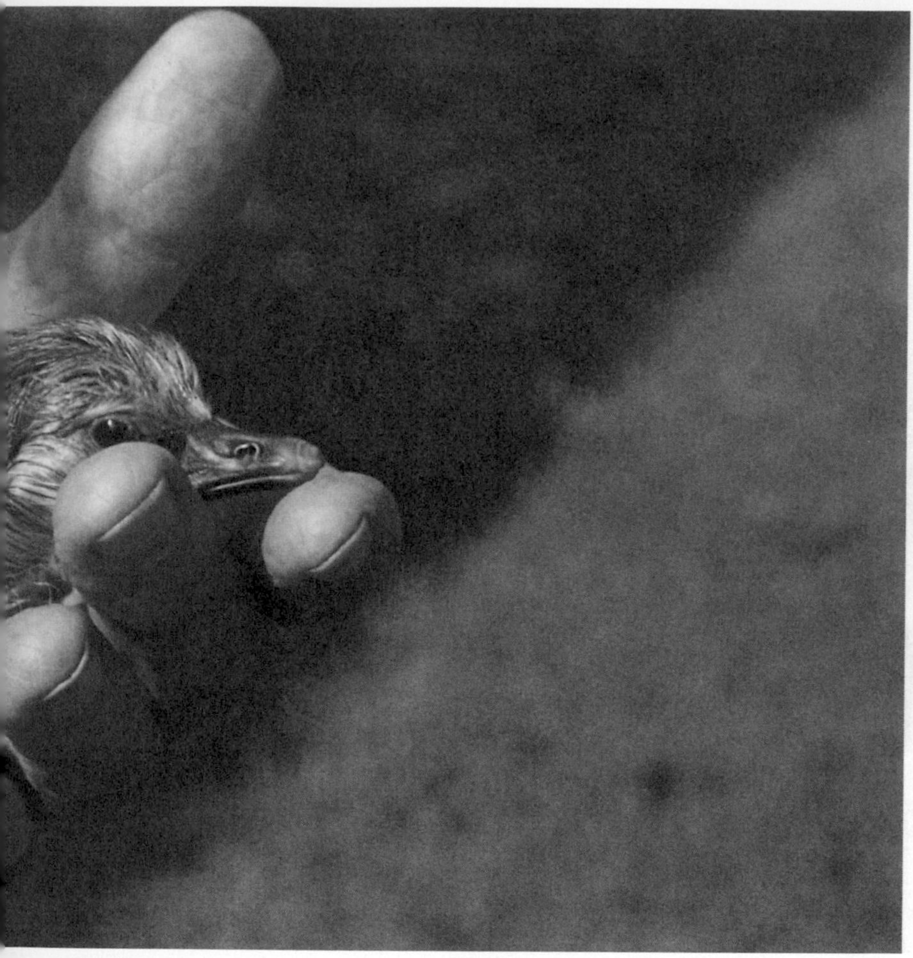

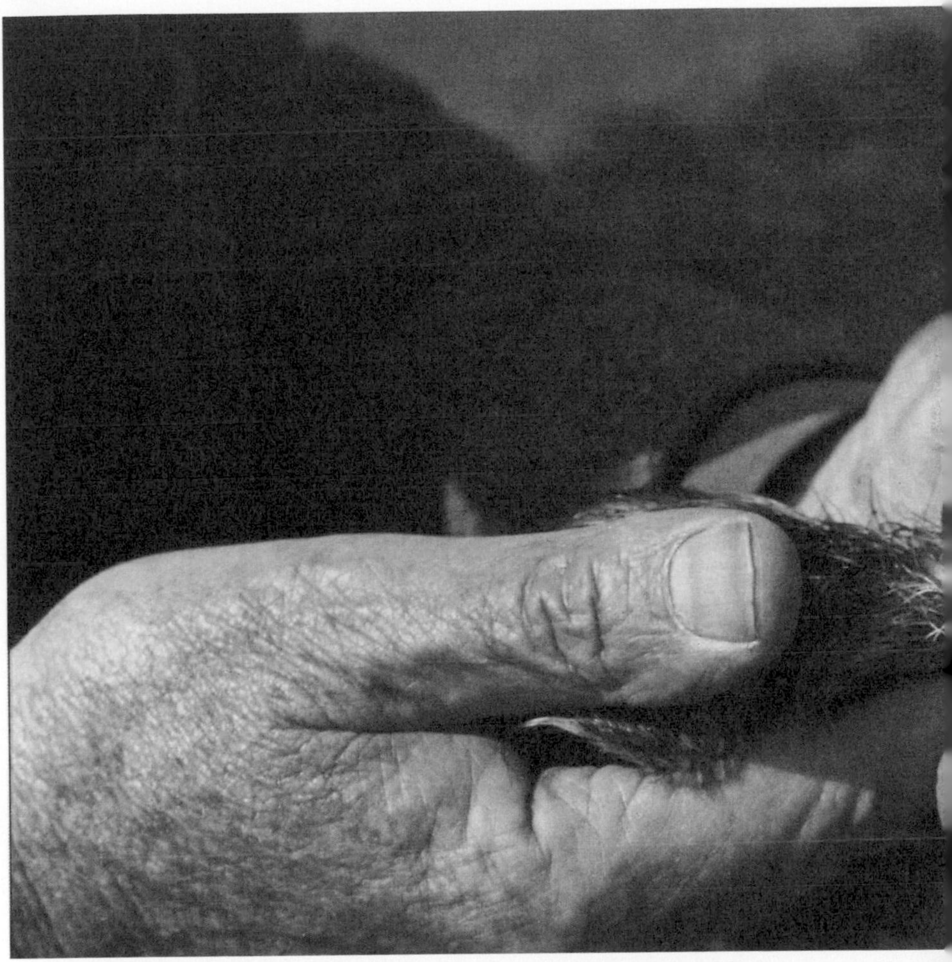

一隻剛孵化的幼鳥還不能挺直脖子和頭部，小小的翅膀也垂在身旁。

95

幼鳥的黑亮小喙尖端有黃色的蛋齒，是幼鳥撞破蛋殼的工具，幾天後就脫落了。

96

當幼鳥鑽到母親的翅膀下方摩擦羽毛時，角質鞘會自然脫落。原本還濕漉漉不那麼漂亮的幼鳥，頓時成為一顆毛茸茸稍帶綠色的黃色小絨球。

97

這隻幼鳥已經會做所有成年灰雁的覓食動作，只是牠在最初幾天還沒有足夠力氣扯斷雜草和根莖。不過沒關係，因為幼鳥在孵化後三天內都可以靠體內的大量卵黃來維持生存。

98

為了讓羽毛防水，幼鳥會把絨羽摩擦母親的翅膀。但人養大的幼鳥不會出現這種行為，於是牠們的絨羽就沒有野生幼鳥的防水性高。這隻由我們養大的幼鳥也是如此，牠的脖子和翅膀上的羽毛都濕淋淋地黏在一起。

99

我們養大的幼鳥娜塔莎的絨羽也不夠防水，所以牠總是特別勤於整理自己的羽毛。照片中牠正在進行擦乾尾脂腺分泌物的動作，其實在牠這個年紀，脂腺根本還沒開始發揮功能。

100

時越發重要。幼鳥在孵化後數分鐘會試著抬頭，一旦順利抬起頭，就會對飼育員朝自己說的話做出反應，不只是用聲音問候，甚至會以表情回應。也就是說，牠抬起頭伸直脖子，過了一段時間經由視覺確定方向之後，就朝著聲音傳出的方向發出問候；這時牠也能看到眼前的人類及他的動作了。幼鳥會非常專注地盯著眼前的人們，而人們馬上就會湧起一股感覺：牠正在記住我們的模樣呢！尤其當飼育員俯看幼鳥時，牠會歪著腦袋用一隻眼睛仰頭細細回望。因此，我們的感覺是完全正確的：幼鳥總是帶著一道密碼誕生，轉譯成語言即是：「誰回應了你孤獨的鳴叫，誰就是你的母親，好好地記住她！」

孩子和母親之間的初次交流非常重要，它既不會重複發生，也無法回溯抹滅，我們稱之為「印痕」（imprinting）。即便人和幼鳥之間只進行過少數幾次這樣的「對話」，也會產生相同的結果：新生幼鳥的先天行為永遠和飼育員緊緊相繫。至於這道聯繫有多牢固，在我把第一隻剛孵化的幼鳥帶離家鵝身旁，和牠進行了幾次前述的問候之後，我就知道了。這隻幼鳥始終固執地拒絕把家鵝看作自己的母親；牠堅信我是牠的母親，沒有任何外力能改變這一點。

為了成功扮演母親的角色，飼育員必須在幾週的時間內把自己全數奉獻給他的孩子們。每當飼育員離開片刻，幼鳥們就會開始絕望地「哭泣」，也就是說，牠們會發出所謂的孤獨的鳴叫——那是一個呼救信號，灰雁父母會馬上回應幼鳥，所以人類飼育員也必須這樣做，否則幼鳥會變得情緒不穩或神經質，甚至很可能產生行為障礙，如此一來就不再適合作為研究對象了。

如果飼育員想讓幼鳥擁有健康的心理狀態，就必須和牠們共同度過許多時間，這也迫使科學家們要長時間地「逗留野外」：和孩子們一起分享微小的歡樂和悲傷；當牠們在蕁麻中絕望地「哭泣」時，溫柔地撫慰並表示同情；當孩子享用兔足三葉草（*Trifolium arvense*）（圖101），一邊發出

「好吃」的聲音時，也感到滿足和喜悅。

天氣好的時候，我們在溫暖陽光中工作，看起來像在野外郊遊（圖102、103）；一旦下起磅礡大雨，就連一般人也看得出來，一天二十四小時和灰雁在一起的生活，就變成一項相當艱巨的任務了。圖104中的幼鳥羽毛上附著許多雨珠，牠們的羽毛比起我們身上的雨衣，防水性能好得太多了。灰雁抵禦惡劣氣候的能力很強，就算雷雨也不太影響牠們；只有在下冰雹時，牠們會朝天空翹起嘴喙，讓冰雹不會垂直而是傾斜落在牠們的頭頂（圖105）。

在阿姆山谷中，天氣的變化常在轉瞬間。彩虹（圖106）總是受到我們的歡迎，因為它是好天氣的信使。

兔足三葉草是灰雁幼鳥特別愛吃的一種植物。

101

一個灰雁觀察者必須具備的最重要性格是耐心。如果觀察者認為在灰雁身邊坐上幾個小時很無聊的話，那他就不適合這份工作。

102

在炎熱的夏日，帶著一群幼鳥在美麗如畫的景致中遊戲，相信任何人看來都是愉快的活動。事實上過程非常棘手且疲憊，因為一旁的飼育員必須時刻準備滿足孩子們的各種需求。

103

遇上接連幾天或幾週的雨天，帶幼鳥就是個艱苦的工作了。因為這樣的天氣和溫度讓幼鳥們感到十分愜意，牠們堅持從日出到日落都要待在外頭的草地上。

104

當猛烈的陣雨或冰雹從天而降時，灰雁會讓羽毛緊緊貼著身軀，頭和脖子直直向上伸起，盡可能減少暴雨或冰雹擊打在身上的面積，這麼做也同時可避免冰雹直直砸在頭上。

105

在猛烈的夏日暴雨過後，濃雲密布的山谷上方通常會出現彩虹。

106

第五章

旅行的意義

我們佇立在依然昏暗朦朧的山谷中，透過霧層的缺口仰望灰雁高飛，身上披著朝陽斜斜射入的光束。當灰雁衝破霧氣，現身霧層下方，翩然降落在沙岸上，鼓動的翅膀把岸上的厚厚積雪攪得四散飛起，我們渾然不知天地，看得如癡如醉。

幼雁飼育員的義務還包括培養牠們一定的方向感。為了這個目的，我們必須和灰雁一起展開旅行。對哺育幼鳥長大的人類來說，這是最累人也最刺激的活動，更象徵著迎來一年中最美好的時節。

我從一開始就決定，除了讓幼鳥習慣歐伯甘斯巴赫的池畔生活，也要熟悉阿姆山谷中所有屬於我們使用的區域。可是，幼鳥還沒有足夠體力走完這麼遠的路程，要等牠們長大到能遠行時，再來為牠們上一堂地理課。也就是說，幼鳥快學會飛行時才能開啟這趟旅程。

儘管如此，帶領雁群離開歐伯甘斯巴赫並不容易。甚至在大多數科學家眼中是個棘手且無趣的任務。灰雁的性格極度保守，一點也不喜歡冒險，更不用說踏足陌生地帶了。於是，包括我在內的所有雁群的飼育員（在灰雁眼中，我更像是大家族中的叔叔），都得耐心引誘及等待灰雁「決定」和我們一起離開歐伯甘斯巴赫。費盡心思跨出這一步之後，即將踏上陌生土地的幼鳥會非常努力且忠誠地跟在我們身後，如果被一行人與雁拋在稍遠處，就會立刻發出哀鳴。幼雁在新環境中會感到恐懼，在這個時候，熟悉的人是唯一能信任及感到安心的對象。因此若想增進和灰雁的關係，可以和牠們一起前往較遠的地方旅行；剛開始養狗的人也可以如法炮製：如果你認養了一隻狗，而牠已經是成犬，不容易像哺育幼犬那樣培養親密關係，建議常帶著牠到較遠而陌生的地方散步或旅行。畢竟狗天生就走得遠，而且喜歡跑步，當主人陪著牠走得愈遠愈快，更容易快速建立起理想的關係。

可是灰雁不同。我們確實成功把雁群引誘到陌生的環境，並讓牠們以正常的步行速度前進，卻還是犯了一個錯誤：過於急躁地走完一段長到連人都會不耐煩的路程。一旦人類利用灰雁對陌生環境的疑懼滿足自身目的，就很可能會永遠失去下一次的機會——雁群會乾脆拒絕離開歐伯甘斯巴赫，彷彿帶著教訓口吻說著：「只此一次，下不為例。」這是所有飼育員得到的第一個教訓：不要讓灰雁做不開心的事——即父母要絕對避免教養行為過於「殘酷」，讓孩子們「受挫」後徹底「失望」。

我們漸漸學會了用灰雁的速度陪牠們走路，避開牠們遲疑或恐懼的小路。例如在太茂密的樹叢或石板路走太久，容易導致牠們柔軟的腳疼痛不適；我們也在雁群喜歡的地方休息很長一段時間，例如長滿美味植物且離水不遠、視野開闊的草原。

旅行途中，一切都由灰雁來決定旅程的下一步，而我們也愈走愈遠。等到幼雁真正學會飛行時，人與雁一致同意展開一場巨大的冒險：真正的遠征，朝阿姆湖上游前進。幼鳥們當時已經能時飛時走地跟在後面，順利的話就可以從阿姆湖飛回歐伯甘斯巴赫。一路上，我們慢慢讓雁群習慣新的行進方式：往上游走時，走在離雁群稍前面一點，讓牠們無法光憑步行就趕上；接下來在上游呼喚還離得很遠的雁群，讓牠們貼著阿姆河面低低地飛過來（圖107）。每當雁群順利達成時，我們都會給予獎勵，例如讓牠們休息得更久，或是為牠們採集更多美味的食物。

在那段值得懷念的日子裡，我們通常一早就從歐伯甘斯巴赫出發（圖108）。其實就算是人，以灰雁的緩慢步速（每小時不超過兩公里）走上一段長路程也很疲憊。因此對我們來說，和灰雁一起休息也是一段很愜意的時光（圖109、110、111）。天氣好的時候，尤其是長時間的午休更讓人感到愉悅。灰雁的作息是這樣的，牠們通常在中午洗澡，認真地清潔羽毛、重新上油*。在這個重要時刻，沒有任何方法（除了外加的強制力）能誘使灰雁離開原地。一旦人類試圖改變自然賦予灰雁的生理時鐘，即便是最聽話的幼鳥也會堅決拒絕服從。灰雁父母自然也不會強迫幼雁離開，因為才剛洗完澡、整理好羽毛的牠們，接下來最重要的事，就是睡個安安穩穩的午覺。

事實上，陪伴灰雁遠行的人們睡得比灰雁還沉。一般來說，雁群進入

* 審訂注：大多數鳥類尾部具有分泌油脂的「尾脂腺」，位於尾羽基部，雁鴨會用嘴喙在尾脂腺沾取油脂，並塗抹在羽毛上用來防水。

沿著阿姆河散步時，雁群會貼著河面飛上一小段距離，然後降落，等我們跟上來。
107

陌生的環境對灰雁來說意味著危險。如果想帶灰雁離開牠們原本熟悉的地方，就必須「成群結隊」動身。

108

幼雁在休息時間好奇地啄著「母親」為了遠行特意修剪的褲腳。

109

在隨灰雁所欲的漫長旅途中，雁群喜歡長時間的午休，有時把頭探進岸邊淺水覓食，或享用我們路上採集來的美味植物。

110

我們在路上採集雁群愛吃的植物，例如苦苣菜。照片中是塞爾瑪和牠兩個月大的兄弟。

111

夢鄉之後，我和研究夥伴還得進行其他重要工作，所以不僅缺乏足夠的睡眠，體力也迅速下降。幸運的是，我們有時也會和灰雁一起午睡——沒有比和動物共眠更愜意的事了。幼雁在入睡時發出的聲音是人類所能想像的最美的催眠曲。讀者們是否能想像，文明社會的人類和大自然的野生動物相偕休憩的場景，這畫面幾近神聖。不過，我們也常被一陣冰冷的雨水打醒——這在阿姆山谷相當常見，片片烏雲飄來，伴隨著陣雨，濕淋淋的人們邊埋怨邊打著呵欠穿上雨衣；雁群的反應則截然不同，牠們在舒服的雨勢中繼續安穩沉睡著（圖112）。

在日後的遠行中，我們總是沿著阿姆河逆流而上。灰雁不喜歡抄近路，原因前面曾提過。可是灰雁喜愛的岸邊平坦小路有時在河的左岸，有時又延伸到河的右岸，導致我們得不時涉水穿越湍急河流，我和幾位研究者也常因此摔進河中（圖113）。我們有時會走捷徑，但這並不是適合灰雁走的路，儘管是風景優美的森林大道，我們卻一點也沒有心思欣賞（圖114）。

陪伴灰雁遠行的路上，我們必須一次次橫越阿姆河，這並不容易，因為水流湍急且河床上的卵石太大，以至不時有人仆倒在河裡。天氣溫暖時還可以忍受；一旦氣候不佳，穿著濕衣服繼續走就相當不舒服。

112

人和灰雁不同，無法像牠們一樣愉悅地在雨中午睡。照片中有的灰雁正啄著「母親」身上的雨衣，這是牠們的樂趣之一；另一個家族的灰雁則已酣然入睡。

113

如果我們選擇遠離水邊的路，灰雁會提高警覺、不停觀察四周，同時目標明確地快步朝阿姆河方向走去。在這種環境中，那怕是一點點的動靜都會使牠們受驚飛起，當中的大多數會立刻折返歐伯甘斯巴赫，我們的全部努力也就付諸流水了。從照片中灰雁繃緊的頸部羽毛和高高豎直的脖子，以及頻繁朝旁邊森林投去的目光，都可以看出牠們正處在高度警戒狀態。

114

林中小路旁盛開的毛地黃（*Digitalis grandiflora*）。

115

岸邊或石灘上滿布小阿爾卑斯苦漆草（*Moehringia ciliata*）。

116

在阿姆河岸草地上綻放的風鈴草（*Campanula cochleariifolia*）。

117

當我們終於到達阿姆河的源頭阿姆湖時，人和灰雁都很累了。我們的船就等在那裡（圖118），幼雁起初很不信任這艘龐然大物，加上頭一次看到寬闊的水面，非常害怕。雁群和許多群居動物一樣，在強烈的不安中，合群的先天行為會戰勝對彼此的反感；因此在圖119中可以看到四個家族的幼雁（分別由不同飼育員養大）緊緊地挨在一起，而「在家裡」——我們的放養池塘上，牠們可能永遠都不會如此。

儘管我和其他的飼育員（雁群熟悉的「叔叔們」）都坐在船裡逗引灰雁，還是費了一番工夫才讓牠們習慣這艘船。此後，雁群會習慣列隊跟在船後（圖120）。話雖如此，直到今天牠們只在船裡坐著「朋友」時才願意尾隨在後；如果看到船上有陌生人，還是畏縮不前，甚至比看見一艘陌生船隻時還要恐懼。那一天，我們帶著灰雁來到阿姆湖北方長滿莎草和泥炭蘚的沼澤地，環繞著出水口處長著異常美麗的小型食蟲植物，圓葉茅膏菜（*Drosera rotundifolia*）。

首度抵達阿姆湖時，雁群都很高興又看到一大片水域，卻也因為身處新環境而感到不安，因此緊緊地跟著我們。

118

幼鳥第一次看到湖。在此前，牠們從未在這麼大一片水面上游泳，也沒進過這麼深的水。幼鳥們起初有點害怕，因為湖水相當清澈，能看到水底植物與其他生物，所以牠們緊靠在一起，在我們的小船旁快速前游，脖子也高高地伸直。

119

灰雁熟悉湖和船之後，通常會以「雁群的行軍速度」跟隨或朝我們飛來。不過，牠們只會在看到我們的船時才這麼做，對於陌生船隻則會立刻躲開。

120

在首次的阿姆湖遠行途中，雁群逆流而上飛行了相當可觀的路程。不過如前面提到的，牠們總是貼著水面飛行。抵達阿姆湖前的最後一段路，由於河岸很陡，我們無法沿著岸邊走，改穿越茂密的森林。終於來到阿姆湖時，已經是午後一點多了。我們從清晨七點動身，一共走了六個多小時。接下來，一個艱難的挑戰來了。

為了激勵辛苦行軍的雁群，我們會盡可能陪牠們待在喜歡的環境裡久一點，例如一起在阿姆湖北岸的美麗沼澤遛達到晚上（圖121）。但是之後還是得讓牠們飛回阿姆湖下游的睡覺地點，於是我們模仿雁群飛行的聲音和起飛動作，然後在前方不遠處快跑，以勾起牠們飛行的欲望。有時牠們會在盤旋幾圈後，又落下來；有時則順利地飛回下游睡覺。頭痛的是，如果雁群不自己飛回去，人雁軍團就得再度行軍，步行七個小時折返到出發地。由於這場遠征已過了大半天，回程路上通常天色已經暗了，必須搭起帳篷和灰雁一起在野外過夜。大多數的情況是，在場所有人的衣著都已經

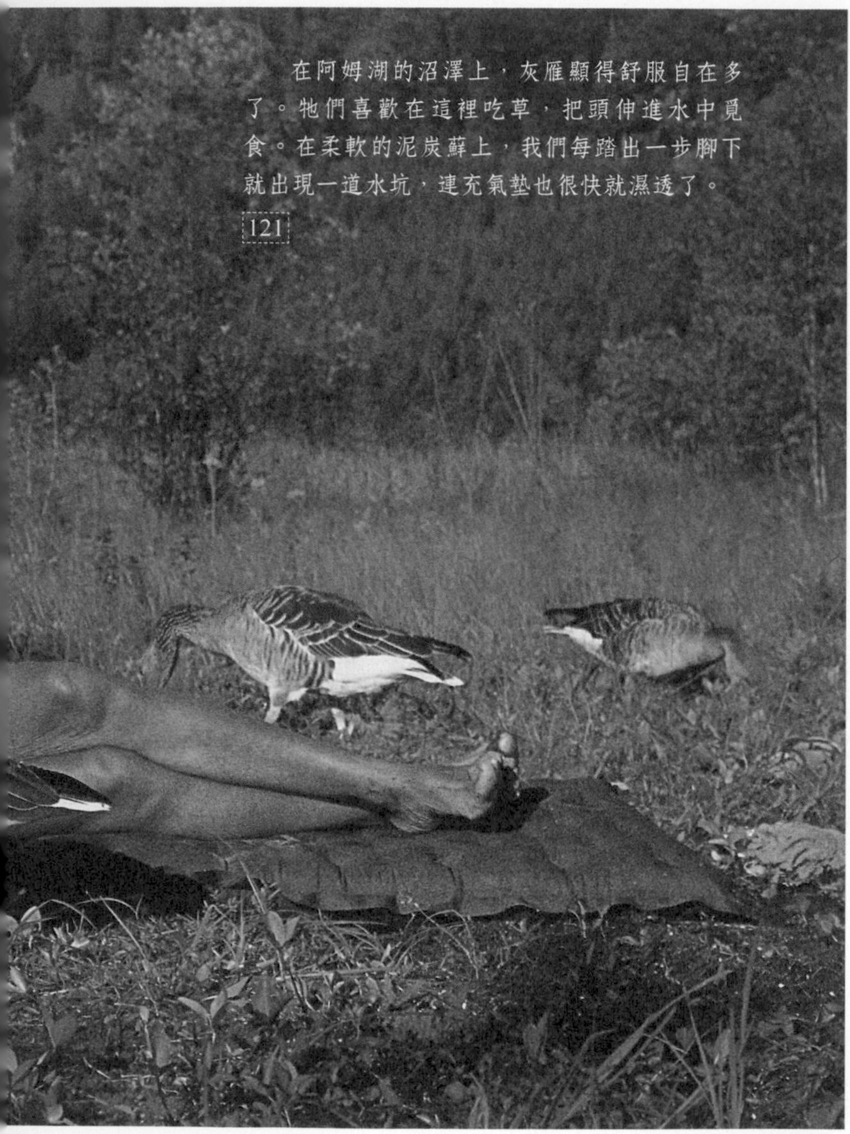

在阿姆湖的沼澤上，灰雁顯得舒服自在多了。牠們喜歡在這裡吃草，把頭伸進水中覓食。在柔軟的泥炭蘚上，我們每踏出一步腳下就出現一道水坑，連充氣墊也很快就濕透了。

121

濕透了，而穿著濕衣服在山上過夜實在令人堪慮。我有時難受到一個程度，還忍不住想拋下同伴和雁群逃回研究站。

一般來說，愈晚引誘灰雁起飛，牠們就愈可能直接尋找合適的過夜地點，以步行返回的機率即大幅增加。我們通常會等到傍晚五點半。在這段時間，灰雁的飛行欲望很強烈，而我們也會不斷刺激牠們飛行——人類在眼前跑啊跳的一連串「儀式」，總是讓鳥觀眾們興奮不已。沒多久，灰雁立即做出反應，飛上空中繞湖飛行一周。我們不安地仰望著飛過頭頂的雁群，不敢發出任何聲音，以免再把牠們吸引回來；接著牠們繞湖再飛了一圈，等到第二次飛過我們頭頂時，已經上升到了一定的高度。我們如釋重負卻仍屏氣凝神地盯著雁群順流而下，消失在山際。

此時，幾位研究同伴正在阿姆湖畔的小木屋旁耐心等候。他們睜大眼睛，滿懷喜悅看著雁群出現在高空，沿著山谷稜線直直飛來（圖122），最後準確而迅速地落在了小木屋旁的草地上（圖123）。在一場辛苦的遠行日之後，所有的灰雁都很快就睡著了。從照片中這隻正要入睡的幼雁身上，可以清楚辨識出初級飛羽中較老的淺色尖羽（這些雛羽末端還帶著最後一批絨毛），以及後生羽中深色帶淺邊彼此交叉的羽毛（圖124）。

在北阿爾卑斯山的山谷裡，夏末也許是最美的時節，此時陽光明媚的日子比哪個季節都多。綻放的花朵也讓人忘記秋日的腳步已近。柳葉龍膽（*Gentiana asclepiadea*）（圖125）和沼澤薊（*Cirsium palustre*）（圖126）盛開了，在晴朗的九月天，這裡的景致與氣溫無異於夏日（圖127）。不過，飼育員們此時卻開始擔心：灰雁的飛行欲望變得越發強烈，但是人們不能一起飛，只能一臉擔憂地站在地面，仰望空中的孩子們。每當清晨的山間

灰雁從阿姆湖飛回歐伯甘斯巴赫。牠們在飛到池塘上空時會對我們發出遙遠的呼喚，然後停止拍動翅膀，慢慢滑翔接近我們。

122

雁群在我們頭頂不斷盤旋，然後降落在小木屋旁的草地上。

123

我們可以從這隻幼鳥身上，清楚看出初級飛羽和成年灰雁羽毛的差異：淺色較尖的雛羽末端還帶有黃色絨毛，而深色帶淺邊的鈍狀羽毛則是後生羽。

124

披滿了雪（圖128），秋葉轉黃（圖129），巨大的蛛網上掛著露珠（圖130）時，雁群就陷入了巨大的騷動，人們也連帶不安起來。我們根據經驗知道雁群並不會真的飛走，而且就算當中有幾隻迷了路，也很可能會在某一天飛回來——一隻迷途灰雁的歸來總讓我們欣喜若狂。

我們一直滿懷希望地相信，由人類親自馴養的灰雁能和新錫德爾湖（Lake Neusiedler）的雁群建立聯繫，並因而跟上牠們的遷徙，踏上飛往多瑙河三角洲（Danube delta）的旅程。儘管遷徙對灰雁來說是危險的，但如果我們哺育長大的雁群也展開和野生同類一樣的行動，將多麼令人欣慰。我們心情複雜地抬頭仰望，看著心愛的灰雁鳴唱著嘹亮的遠行之歌，飛向遠方。

每當此時，我都會想起一段往事，儘管我已經快七十歲了，這段往事卻從未消逝在我的記憶中。那時我年紀小，還沒上學，也認不得幾個字。有一次和家人在多瑙河谷散步時，我不顧神經質的母親和比她更緊張的姑姑阻攔，跑到了她們前面，站在河岸一小塊林蔭空地上。此時，一道金屬撞擊般的聲音在空中響起，我隨即抬頭，看到一群灰雁正沿著多瑙河下游飛去。人的情感發育得很早，而且一生都不會改變，直到今天，我還能清楚地感受到幼時心靈流露的情感：我不知道這些鳥會往哪裡飛，但我想和牠們一起走。一種漫遊自然的浪漫渴望在心裡油然而生，這股激動有時令人心曠神怡，有時又讓人心碎神傷。我記得當時是我人生中首度感到一種難以遏制的、試圖將情感透過藝術表達出來的衝動。我喜歡畫畫，年幼的我對此相當有天賦，母親也盡一切努力讓我發展這份天賦；我身旁隨時都有一塊大黑板、用不完的紙，以及一只裝滿彩色粉筆和鉛筆的大餅乾盒。自從看過灰雁飛行之後，我就開始畫牠們——儘管是一場痛苦的經驗：在藝術中，過於熱情的心理能量和繪畫技巧不成比例時，通常完成的都是拙劣之作。

可是有這樣一位女詩人——塞爾瑪・拉格洛夫（Selma Lagerlöf），

夏末時節，稀疏的森林裡盛開的是柳葉龍膽。

125

幼鳥完全會飛的同時，人一般高的沼澤薊也開花了。

126

阿姆湖在溫暖晴朗的夏末秋初特別美，朝霧散去時，平滑如鏡的綠色湖面倒映著陽光燦爛的天空。山頂飄著的薄薄雲霧是典型的焚風雲。

127

秋日夕暮，灰雁從奧英格莊園飛到原本在阿姆湖畔的就寢地點。休息前，牠們會先在岸邊的沼澤覓食。

128

秋季一到，槭樹葉轉成耀眼的金黃色。

129

朝露在蛛網上閃閃發亮。

130

她的藝術充分表達了候鳥的浪漫。詩人以高度的技巧描述鳥群如英雄般的旅程。愛上灰雁之後，我讀了她的《騎鵝歷險記》（*Nils Holgersson's wonderful journey across Sweden*）。我一開始根本不想看這本書，因為我光從書名就對內容下了判斷：主人翁尼爾斯．霍爾格森帶著籠子裡的野雁搭火車旅行；我還預見這些野雁之後會被殺掉，因為我曾在父母親的家中看過。最終我說服自己，塞爾瑪．拉格洛夫的作品裡不可能出現這種內容，於是我要求母親為我朗讀這本書。我之所以能明確記住這件事所發生的時間，是因為我早在學齡前就會讀書了。所以前述的一切肯定都發生在一九〇九年我六歲之前的時光。對我來說，這份童年的浪漫情懷和灰雁的遷徙完全分不開；於是當灰雁高高地飛過空中時，那年的記憶就甦醒了（圖131）。我向雁群發出呼喚，牠們也隨即以令人驚異的速度朝我飛落時，童年的夢想瞬間成為真實（圖132）。

我們可以從照片中看到，西比勒正迅速蹲下誘使灰雁降落。當灰雁在空中高高飛翔時，我們眼中的灰雁就是圖133中的那些黑點；相反地，雁群眼中的小木屋和我們從高山上俯視時不會有太大的區別（圖134）。我們在牠們眼中一定很渺小，而且即便我們的呼喚聲能順利傳到高空，到達牠們耳中時也已經相當微弱。人雁的處境對比每每使我意識到，和鳥群的親密關係就是個奇蹟。幾秒前牠們還在雲間飛翔，轉眼間就飛來我們身旁，和我們如此親密。基於對這份「神蹟」的感動，西比勒接連拍下許多精采照片（圖135、136、137）。

灰雁展開長程飛行時，最後常有幾隻雁不知去向。也就是說，候鳥的生活相當危險；我們無法確知走失的灰雁是有意識地跟隨陌生的雁群離開，還是不小心迷了路（這個可能性大一點）。無論如何，我和其他夥伴總是帶著一絲不安看著雁群消失在空中，直到牠們的鳴叫聲也消逝在遠方。

儘管秋日的遷徙帶來可能的分離，卻也常迎向喜悅的重逢——我在前

在狂風亂捲的日子裡，漫遊的本性在我們的灰雁心中甦醒。牠們會在烏雲密布的秋日空中待上數小時，飛越一座座高山，最後再回到我們身邊。在這種遙遠的長程飛行中，雁群會組成典型的三角形行列。

131

秋天，雁群從歐伯甘斯巴赫移動到研究站前的阿姆河石灘上。起初牠們還有些不安，不敢立刻降落下來，於是我們在牠們面前奔跑再迅速蹲下，誘使牠們降落。

132

灰雁在藍色的秋空中飛翔著。

133

從卡斯山上俯瞰研究站，這大概也是灰雁在空中俯瞰的角度吧。照片中可以看到阿姆河的石灘，灰雁通常會降落在這裡。

134

面提過，等待著那些在外面孵蛋的灰雁夫婦返家。灰雁夫婦於初秋回到阿姆山谷時，也會帶來自己的孩子。我們通常興奮而緊張地觀察著，這群外來的後代能否和從未離開的灰雁交配，然後定居在這裡。

曾有一隻迷路的灰雁被人用火車快遞回我們身邊，這個故事聽起來也許沒那麼詩意，我卻覺得格外感人。分離的秋天常發生這樣的事，從小被人類養大的溫馴灰雁一不小心迷失了回家的路，就會到陌生人家裡尋求庇護。鄰近的拉多夫采爾鳥類研究所也不時會幫我們找回灰雁。當中以聖方濟和情人節兄弟的故事特別讓人感動，兩兄弟都是由布里吉特・基爾希邁耶在西維森的馬普研究所哺育長大。有一次，聖方濟和情人節在飛行中迷路，闖進了蘭休特（Landshut）附近的私人莊園，莊園主人立刻寫信通知我們。我們驚喜回信，請求對方將兩兄弟用火車送回西維森，我們會在那裡等候。不過我們忘了說，如果要抓住兩隻灰雁，就必須同時進行——人們可以不費力氣抓住一隻溫順的灰雁，但是如果沒有同時抓住兩隻，另一隻受到了警告，很可能就再也抓不到了。蘭休特的好心人最後只抓住聖方濟，把牠關進籠子裡寄回施坦貝格（Starnberg）；情人節則不出所料消失了。幸運的是，聖方濟還在回程路上，情人節就飛回了歐伯甘斯巴赫。我們仔細檢查後發現，情人節除了有點疲憊之外，健康情況良好。而且牠完全沒有失去方向感！當灰雁發現兄弟被抓走之後，對周遭環境更感陌生恐懼，就會盡速回到能讓牠恢復安全感的地方。

事後證明，找回迷路的灰雁是值得的，即使要花上不少時間精神，甚至可能付出大筆金錢。這些灰雁通常在外面經歷了許多可怕的事，因此在回家之後，對我們會更加親密，也更願意待在熟悉的家鄉——如果用人類的說法，或許比較接近感激之情。於是，當西比勒前往車站的貨物櫃檯領取包裹時，她聽到了聖方濟響亮的鳴叫聲和問候的嘎嘎聲——包裹裡的灰雁因聽出了她的聲音而興奮不已。

那些在外面孵蛋的灰雁總是要飛上幾百公里，從原本的孵蛋地回到阿姆山谷，而那些忠於出生地的大鳥卻只飛行幾公里，因為他們只是從歐伯甘斯巴赫飛到奧英格莊園。有時在灰雁飼育員還沒從小木屋搬到研究站大樓之前，他們就飛來了。而飼育員也很高興接受這個搬遷的建議，因為這時天已經相當冷了。

秋去冬至，阿姆山谷的冬季通常來得比我們期待得早。雪層一變厚，逗留在研究站周圍草地的灰雁就會飛離，大多數會待在阿姆河邊的沙灘上，並在那裡享用我們已經準備好的食物（圖139、140）。雁群之間會變得沉靜，畢竟躁動的時節已經過去了。儘管這段時間沒有太多需要觀察的行為，我們還是盡可能陪牠們一起度過，同時保持彼此間的親密感。有趣的是，我們雖然穿著最保暖的外套，還是不比灰雁更暖和。牠們那一身透氣、防水又防寒的羽毛，真的是上天恩賜的禮物。

阿姆河的沙岸無法帶給灰雁足夠的遮蔽，防止受到狐狸襲擊，所以天

灰雁在降落接觸地面時，會把雙腳前伸，同時用力拍擊翅膀減速。

135

每當看到灰雁從空中飛來，在我們頭上盤旋，然後有力地拍擊翅膀降落在我們身邊，都是一次特別且令人驚奇的歷程。

136

在美好的秋季尾聲，我們和灰雁（午間時光牠們都圍繞在我們身邊）一起享受最後幾絲溫暖的陽光。照片中是艾瑪的雙腿，牠的雙腿形成一幅極富威嚴的畫框，框中是我們的研究站。

137

一九七六年十月一個狂風大作的秋日，在巴伐利亞孵蛋的伊克絲和拉契尼，帶著在基姆湖孵出的孩子降落在阿姆河畔。牠們一家人猶疑而警惕地走來，經過長時間的察看才放鬆地嘎嘎叫了起來，低頭吃起灑在地上的穀粒。

138

一黑，灰雁就會飛到上游的阿姆湖過夜，那裡的湖水不會結冰。等到天亮了，再沿著山谷飛行約八公里返回沙岸。灰雁在飛行中會保持起飛地所處的海拔高度，因此飛回來的時候，會先盤旋在我們頭頂上相當高的位置，再高速地直飛而下。和人類較類似的行為是，牠們不太在酷寒中活動，常常走進溫度相對高的阿姆河裡暖和雙腳（圖141）。

我不想生活在無法感受四季遞嬗的地方。當人們能在自然中和許多動物親密度過一年四季，就會懂得享受每一道季節況味。阿姆山谷中的清朗冬日多麼美好，從山上射入的陽光、谷澗的陰影，甚至河面上的霧氣都如此迷人。我們在依然昏暗朦朧的山谷中，透過霧層間的缺口，仰望灰雁高高地飛起，朝陽斜斜灑在牠們光亮的羽翅上；當灰雁衝破霧氣，現身於霧層下的沙岸，振動的翅膀攪得岸上厚厚的積雪四散飛起，那情景多麼扣人心弦。

晚冬依舊寒冷，但白天的時間慢慢變長了，陽光越發強烈，雁群也開始活躍起來。比起悄無聲息來到阿姆山谷的秋日，春天卻常常戲劇性地翩然而至。一天夜裡吹起焚風（圖142），南風呼嘯著掃過圖特山撲入山谷，積雪消融。此時，第一批春花綻放了，例如金腰子（*Chrysosplenium oppositifolium*）（圖143）和大雪花蓮（*Leucojum vernum*）（圖144）。對灰雁來說，躁動的時節，愛與嫉妒的時節又開始了；對科學家來說，一段疲憊卻充滿驚奇的旅程也即將上路。待觀察、記錄的事物多得讓人分身乏術。不過，隨之而來的還有希望。是的，即將到來的正是灰雁社會結構大變動、變換伴侶等更多有趣行為發生的時刻。科學家們必須早早起床，耐性十足地守在崗位上，根據我們的經驗，大多數對研究十分關鍵的事件都發生在冬春之交。這段時節帶給科學家們許多研究契機與進展，也賜給這片土地許多新的灰雁之家。

雁群在冬天變得團結緊密，彷彿忘記了過去的競爭和敵意。

139

雁群直到黃昏時分都待在研究站的餵食空地上，之後牠們會成群飛起，在霧氣中貼著水面飛離。

140

在寒風刺骨的冬季，灰雁會站在淺水中溫暖雙腳。水面升起的霧氣在岸邊的樹枝上結成白霜。

141

雖然還沒融雪，積雪卻已一天天退去，白霜也早就消失了。一陣陣溫暖的焚風從圖特山吹進阿姆山谷。

142

黃綠色的金腰子在溪邊和潮濕處綻放。它們是早春的第一個信使。

143

才剛融雪，雪片蓮就在阿姆湖畔的潮濕樹林間盛開。

144

後記

我在前言談到，我並未試圖在這本書以任何學術性的論述來介紹灰雁的生活，那應該是另一種截然不同的作品，例如大型專題研究著作。我寫下的所有文字都來自卡拉斯夫婦拍下的精采照片，我想讓讀者理解照片為何而生，以及它們背後的故事。事實上，書中的所有故事都已由照片本身一一做了生動的陳述。那麼，誰會是這本書的讀者呢？誰願意接受這些故事，並理解其中想傳遞的訊息？

今天，自然對於文明社會中大多數人來說是完全陌生的；許多人在日常生活中只和無生命的、人造的事物打交道，忽視並遺忘去理解其他生物的生存方式，也導致人們持續無情地戕害生機勃勃的世界。可是與此同時，人們也生活在自然中，憑靠自然生存。因此，重新建立人和其他生物的聯繫是一個崇高而重要的任務，而任務的成功與否，最終將決定人們是否會和地球上的其他生物一起走向毀滅。

寫到這裡，我想讀者可能會感到過於沉重，那麼回頭來看看現代人的日常生活吧。或許正在閱讀的你也是，整天工作，受各種「壓力」所苦，對許多極富警示意味的著作毫無所感：例如瑞秋・卡森（Rachel Carson）、阿道斯・赫胥黎（Aldous Huxley）的作品；邁都小組（Das Meadows' team）、《被掠奪一空的星球》（*Ein Planet Wird Gepluendert*）作者格魯爾（Herbert Gruhl）等人的警告。人們厭倦在下班後還要聽勸人懺悔的布道，並把節約能源或減少浪費的告誡視為耳邊風——畢竟被告誡「做好事」是個沉重的負擔。似乎在疲倦時，人們才願意接受美的事物。因此，就像藥劑師為苦口的藥包覆上冰糖，或許我們可以藉由寫下、閱讀美的事物，喚起那些疏離自然且勞累過度的人們，以及對「善意」本身，對「認識充滿生命的自然」的嚮往。

我相信，灰雁是最適合向城市中廣大讀者傳遞此呼籲的信使。我所熟悉的多種動物當中，有一種動物的行為比灰雁更讓人感興趣——那就是狗。我的父親正是一名狂熱的愛狗人士，但他對灰雁給予了高度認同。他說：「除了狗，灰雁是最適合和人類打交道的動物。」他指的自然是所有野雁，父親只知道這種灰雁。的確，灰雁的家庭和社會生活和人類有著大量驚人的相似之處——讀者不要以為我這段話是誤將動物「人格化」，畢竟我曾徹底且系統性地論述過「人格化」動物的問題。不過在許多經充分證實的理論中，我們堅信動物擁有主觀經驗，牠們在快樂和痛苦的體驗上和人類並無太大區別。過去我旅行歸來時，我的狗興奮得無法控制自己；我還沒下車，牠們就用前腳刮起車門的漆，我下車後又幾乎要把我的衣服從身上扯下來。牠們對我的情感，近乎於人們與多年未見的好友重逢的喜悅。我再進一步說：如果人熟悉狗，也曾和狗一起生活，卻不曾體會牠們的喜悅，我會懷疑他是否有能力共感周遭人們的感受。

書中超過一百幀的照片（它們是真正在自然中和動物一起生活的見

證）能讓讀者認識到，不僅我在前文舉為例證的狗（畢竟多數人熟悉牠們），還有別的生物也擁有高度發展的家庭和社會生活，牠們會高興、會悲痛、會愛也依戀，並能長期維繫真正的友誼。我希望牠們的故事能喚起人們保護自然和動物的情感。

我絕不會從道德角度去觀察動物，或像伊索和拉．封丹那樣視動物為人的榜樣。《伊索寓言》中狐狸和烏鴉的故事總是讓我生氣，因為寓言裡的愚蠢烏鴉為了發出聲音而讓乳酪掉下去，而真正的烏鴉永遠都不會這麼做。烏鴉的舌頭下方有一個相當大的喉囊，當牠出於一些原因必須張開嘴時，就會把食物放進喉囊；如果食物太大，也可以用爪子抓住。打從我還是努力背詩的六歲孩子開始，就很清楚這件事——直至今日我依然記得！

動物不具實質意義上的道德責任。牠們所做的一切都是自然的產物，無涉於行為是否會「傷害」家人或族群。動物身處的環境及與生俱來的特性會帶領牠們做出「正確的事」（除了極罕見的例外）；其實在人類身上，這種自然的產物原本應該還能保留下一些影響，但在各種規範、義務等各種社會責任之下，大多數人們已經無法「自然」對待身旁的人——例如在親情影響下無顧忌地擁抱或親吻家人。

另一個我們遇到的問題（也是道德責任施予我們的錯誤警示），即所謂的工作效率。勤奮是美德，就像懶惰是惡習一樣毫無疑問，但如果因為這份道德責任而執行超出自身能力的工作，以致身心健康遭受損害時，這種「不自然」的社會規範，就像任何過度行為一樣絕對有害無益。

最後，我想用「拉・封丹的方式」分享灰雁能教會人類的事：如何放鬆，如何休息。我前面曾說，幼雁的休息和入睡聲音是最美也最有效的催眠曲。這種野鳥的睡眠很輕，事實上牠們的警覺力和感官都非常清醒，尤其是聽覺，就算在沉睡中也一樣靈敏。儘管如此，灰雁仍然能完全放鬆地進入夢鄉，而人類大概只有在孩提時期能夠如此。就讓展示這一切美好的照片，為這本書畫上句點吧。

和動物生活的四季：
《所羅門王的指環》作者與灰雁共享自然的動物行為啟示

Das Jahr der Graugans: Mit 147 Farbfotos von Sybille und Klaus Kalas Taschenbuch

作　　者　康拉德．勞倫茲（Konrad Lorenz）
譯　　者　姜　麗
審　　訂　林大利
社　　長　陳蕙慧
副總編輯　戴偉傑
主　　編　周奕君
行銷總監　李逸文
行銷企畫　童敏瑋
封面插畫　楊謹瑜（Vita Yang）
封面設計　許晉維
內頁排版　極翔企業有限公司
集團社長　郭重興
發行人兼出版總監　曾大福
印　　務　黃禮賢、李孟儒
出　　版　木馬文化事業股份有限公司
發　　行　遠足文化事業股份有限公司
地　　址　231新北市新店區民權路108之4號8樓
電　　話　02-2218-1417　　傳　　真　02-8667-1065
Email　service@bookrep.com.tw
郵撥帳號　19588272 木馬文化事業股份有限公司
客服專線　0800221029
法律顧問　華陽國際專利商標事務所　蘇文生律師
印　　刷　前進彩藝有限公司
初　　版　2019年1月
初版三刷　2022年9月
定　　價　新臺幣400元
ISBN 978-986-359-621-9

歡迎團體訂購，另有優惠，請洽業務部02-22181417分機1124、1135

國家圖書館出版品預行編目(CIP)資料

和動物生活的四季：《所羅門王的指環》作者與灰雁共享自然的動物行為啟示 / 康拉德．勞倫茲著；姜麗譯. -- 初版. -- 新北市：木馬文化出版：遠足文化發行, 2019.01
256面；14.8 x 21　公分
譯自：Das Jahr der Graugans: Mit 147 Farbfotos von Sybille und Klaus Kalas Taschenbuch
ISBN 978-986-359-621-9（平裝）

1.動物行為

383.7　　107020091